所见即是我
好与坏我都不反驳

[日]加藤谛三 著　冯元 译

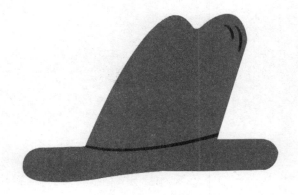

江苏凤凰文艺出版社
JIANGSU PHOENIX LITERATURE AND
ART PUBLISHING

前言

∪

1. 稍微改变一下看法，就会变得幸福

有些人具备优越的客观条件，但依然长期处于不幸之中。

其实，只要稍微改变一下自己的看法，就会变得幸福。然而，

这对于他们来说绝非易事。

这种无法轻易改变看法的情况，就是著名的精神科医生

卡伦·霍妮 ① 所说的"内在障碍（inner obstacle）"。正是

因为一个人的无意识中存在"内在障碍"，而非"外部障碍"，

---

① 卡伦·霍妮（Karen Danielsen Horney,1885—1952），德裔
美国心理学家和精神病学家，精神分析学说中新弗洛伊德主义的主
要代表人物。著有《我们时代的神经症人格》《自我分析》《我们
内心的冲突》等。

所以才无法轻易转变思维。

不要小看这一点，能否改变看法，将决定一个人的人生。换言之，一个人"无意识中的一些东西"，决定了他的人生。

2. 指责他人的手段之一，是诉说自己的痛苦

一个人诉说自己痛苦、难过、被伤害的时候，其内心深处是在批判他人。然而，他又不能直接批评那人，便只能通过表达自己的痛苦实现这一目的。

当然，他本人并没有意识到这一点。可以说，无意识的批判、指责等转换到意识领域便是痛苦，换言之，指责他人的手段是诉说自己的痛苦。

我们因为他人感到痛苦时，马上就能意识到他是阻碍我们幸福的人。然而，很多情况下，我们很难意识到阻碍自己幸福的正是我们自己，而非他人。

如果选择了自己为难自己的生活方式而不自知，那么终

其一生都不会幸福。

最麻烦的是，这些都是在无意识中发生的事情。

3. 自问自答可以帮我们摆脱痛苦

很多人一生都紧抓着痛苦不放，自己为难自己。当然，他们本人并没有意识到这一点，即使有人指出，他们也因不自知而不承认。

自从我创作了《我有我的生活方式》一书以来，恍然已经过去半个多世纪，这期间一直有人前来咨询，向我诉说他们的烦恼。作为民众的咨询对象，我也常驻广播电台的《电话人生咨询》节目。仅在这一个节目中，我便发现很多人到死都紧抓着痛苦不放，而且相当执拗。

当然，咨询者并没有意识到这些，他并不认为自己在紧抓着现在的痛苦不放。如果他们能转变思维，意识到自己的这种想法，便会恍然大悟，从而收获幸福。

其实，有一个方法可以帮助他们，那便是自问自答。这些无意识中执着于痛苦的人可以时常问问自己："我执着于这些痛苦，是为了什么呢？"渐渐地，人便会豁然开朗。

可以说，获得幸福的关键便是认清自己的内在障碍。本书的目的便是帮助人们跨越和消除内在障碍。

加藤谛三

目 录

第三章　自我肯定

· 欣赏和肯定自己，可以培养自尊、发展自信

第四章　求认同、求喜爱、求赞美

· 被他人的看法控制的人生，何谈尽兴

第五章　为何如此在意他人的看法

· 让别人的看法留在别人那里，它就无法伤害到我

第九章　人生到处有转机

· 判断一个人的真实意图，不是听他说了什么，而是思考他为何说

第十章　保持正念的生活方式

· 拓宽视角是一切的突破口

第十一章　人生如逆旅，苦难是必经路

· 每个人都会受伤，但不是所有人都能很好地处理伤口

第十二章　人生不争辩，淡定做自己

·你所见即是我，好与坏我都不反驳

第一章

自我觉知

● 心理上的疾病很难意识到

　　精神分析学派的创始人西格蒙得·弗洛伊德^①曾悲观地说道："人总是想受苦。"我想很多人听到这句话都会反驳，说"我不想受苦""我想要幸福"等。

　　其实，这样的话不仅弗洛伊德说过，卡伦·霍妮也曾说："人总会紧紧抓住让自己不幸的感情。"这种现象被称为"扩散的外化"，是将内部的心理过程，作为在自己外部发生的事情来经历的倾向。

　　如果某个人内心深处有一种无法忍受的空虚感，便无法

---

　　① 西格蒙得·弗洛伊德（Sigmund Freud, 1856—1939），奥地利心理学家、精神病医师，精神分析学派的创始人，二十世纪最有影响力的思想家之一。

面对生命的虚无。然而，他并不是直接感受到自己人生的空虚，而是通过朋友的死亡或者日常生活才能感受得到。比如，他对在社会上小有成就的某位朋友持有偏见，这位朋友去世时，他便说道："人总有一死，事业再成功又有何用。"说完后内心竟有种莫名的心安。

描述身边朋友们的各种人生也是虚无的一种表现。表面上说着"人生不过如此"，实际上却用各种无关紧要的事，勉强把自己和这个世界联系在一起，来逃避自己人生的虚无感。即使如此，很多人依然会说："我不会紧紧抓住让自己不幸的感情不放的。"

与生理上的疾病不同，心理上的疾病很难被意识到。很多人并不了解自己的内心，甚至一直在误解。任何人都有自己知道的病，也都有自己不知道的病。谁都知道发烧 39 摄氏度便是生病，但出现心理疾病未必会知道，比如依赖症。

依赖症也被称为"否认病"。有赌博依赖症的人总是坚持说自己没有问题。因此，来咨询赌博依赖症的大多不是本人，而是他身边的亲朋好友。

　　对于心理疾病，当事人很容易坚持说自己很健康。生理上的疾病则大不相同。没有人会在高烧 39 摄氏度的情况下坚持说自己很好，也不会在寒风中慢跑。

　　听到"人总是想受苦""人总会紧紧抓住让自己不幸的感情"之类的说法，也许你会否认。但遗憾的是，事实的确如此。人并不想受苦，也不想紧紧抓住让自己不幸的感情，但在无意识中却会如此。

　　无论弗洛伊德和卡伦·霍妮如何解释，很多人都不会认为"人总是想受苦"。因为人们都不会意识到自己在无意识中的想法。如果不知道自己无意识中想要痛苦，那么，一个人终其一生都不能收获幸福。

1. 坦诚地审视自己的内心

没有人想受苦，我也不想，却时常紧紧抓住痛苦不放。倘若你能意识到这一点，你的世界便会大为不同。然而，痛苦中的人往往很难意识到并承认这一点。

因为他们无法理解自己紧紧抓住痛苦不放的态度，没有理解"想要幸福"这一生存态度的本质。

"我不想受苦，我想要幸福"的意思，就是希望避开烟雾，获得篝火。用卡伦·霍妮的话来说，就是"神经症的要求"。这样的要求不切实际，以自我为中心。

其实，当你意识到自己在无意识的世界里想要逃避内心的纠葛，意识到自己正在逃避内心的真正矛盾，你的世界就会发生改变。意识到这一点，认真思考自己为何执着于现在的痛苦，就能隐约看到自己的内心深处。若能坦诚地审视自己的内心深处，人生就会变好。你可以尝试问自己以下几个问题：

如此痛苦，我究竟想要保护什么？

它真的值得保护吗？

也许，它们只是些没用的东西呢？

不，应该是无益甚至有害的东西吧？

也许我被什么欺骗了吧？

也许只是我自己的一些妄想吧？

也许我只是理解错了什么吧？

是说"人总是想受苦"的弗洛伊德有什么问题，还是我自己误会了什么？

直面自己无意识中的矛盾，疑问便会迎刃而解。

2. 人之所以痛苦，是因为追求错误的东西

弗洛伊德说："人总是想受苦。"卡伦·霍妮说："人总会紧紧抓住让自己不幸的感情。"人们之所以不认同这些想法，其实是因为对自己的人生有不切实际的要求，也可以说很多人无意中忽略了现实。

有的人自出生以来便历经苦难，身心饱受磨炼。如果发自内心地渴望幸福，定然不会认同"人总是想受苦"这种说法。然而，人生并不是为了幸福而设定的，换言之，人生并非必须幸福，这才是关键所在。

很多人都误以为"人生必须幸福"。每个人都会害怕一些东西，自身也会有可怕之处，即令他人畏惧之处。这便是现实的人生。然而，很多人以为自己的人生中不能或者不应该有可怕的东西。这样的人生观从根本上便是错误的。倘若抱有这样的人生观生活，自以为是地无视现实，即使长大成人，内心也依然幼稚如童，无法自立，甚至认为所有人都应该顺应自己。

任性自私的人若能将自己的人生与那些愿意接受现实、认可"人生并非必须幸福"并且努力生活的人的人生做一个对比，便会对自己的人生大失所望。

当然，人生来就不同。有人在母亲的百般呵护下长大，也有人是在母亲的冷嘲热讽中成长。有人饱尝父爱，在父亲的暖心鼓励下逐渐自立成长，也有人生来便被父亲否定，甚至不断被挖苦"你这种人活着根本没有价值",身心饱受摧残地长大成人。

也有些父母过于依赖孩子,不能承受孩子离开带来的空虚之感,甚至企图用自杀逼迫孩子留在自己身边。这样的孩子只能被迫在这种"严重施虐者"的精神折磨下,以受虐者的角色成长。

总之,每个人的成长过程皆有不同,有人经历过地狱般的千锤百炼,也有人备受宠爱、一帆风顺。可以说,人生来便背负着不同的命运。掌握自己的命运,便是活出自己的人生。

3. 意识到无意识的存在,才能战胜它

这是一个名叫杰伊的毒品依赖症患者的故事。

他和母亲一起生活时,总是莫名地感到不快,身心皆不舒服。他遭遇坎坷,人生不顺,进而自杀未遂。在这样的生活压力下,他开始吸食海洛因。

后来,他入院治疗。出院时,他的父亲在加利福尼亚,

母亲在纽约。他担心去母亲那里会重蹈覆辙，便决定去父亲所在的加利福尼亚，并在出院 3 周前给母亲写了一封信。

出院后，他表面上要去加利福尼亚的父亲那里，但无意识中还是想去纽约的母亲那里。当然，他自己没有意识到这一点。

结果他虽然事先做出了决定，但最终还是放弃了原来的计划，去了母亲所在的纽约。

不管他嘴上说什么，无意识中依然不想改变，拒绝改变。可以说，倘若意识不到自己的无意识，便无法战胜无意识。

他来到母亲的住处后，发现母亲与男朋友一起生活，没有他的房间，他便住到了祖母那里。不久，母亲与男朋友分手，他又回去和母亲一起生活。结果，他又感觉到生活的无趣和不幸，再次吸毒。

其实，并非什么特别的理由，只是母亲和儿子之间自我陶醉式的束缚关系。

杰伊与祖母一起生活时可以正常工作，与人相处也十分融洽。但他回到母亲身边便开始吸毒。

我们可以这样解读杰伊和母亲的关系。在杰伊看来，母亲永远可以无条件地庇护自己，与自己有着直接且最为密切的联系。他离不开母亲，离开母亲就会痛苦，但时刻绑在一起又会身心不快。

4. 自我觉知是获取幸福的前提

其实，每个人的心中都有一种阻碍自身成长的力量。我们没有意识到它有多么强大，也没有意识到自己的退行欲求多么强烈。这是神经症倾向强烈的人最大的问题。可以说，人之所以感觉不幸，是因为用错了力气，甚至在用力阻碍自己。

倘若意识到这一点，便能渐渐收获幸福，世界亦会更加和平。

很多人不认为无意识的力量大于意识的力量，弗洛伊德称这种抵抗意识为"抵抗运动"。然而，因无意识的力量之强大而烦恼的人自身并没有意识到这一点。

这本书正是帮助你正确了解自己内心的一本书，它能让你认清并了解自己无意识中妨碍自身成长的力量。

神经症倾向较强的人，在意识上可能真的想要治疗自己的神经症。但是，他们想要改变的其实只是表象。比如，有人总是闷闷不乐，便想改变这种闷闷不乐的性格。但这只是一种表象。他想改变这种闷闷不乐的表象，但无意识中并不打算消除内心隐藏的愤怒。换言之，他放任自己闷闷不乐的原因，只是想改变结果。如同一个人想大吃特吃却不想长胖一样。也如同一个人想减肥，却不愿意节食和运动一样。

认清自己的问题在哪里，人生未来便会绚烂多彩。有些人之所以无法与他人友好相处，也许是无意识中自以为是的正义感所致。意识领域中的正义感，也许在无意识领域中也只是复仇心而已。

其实，只要意识到想法和切身感受是两回事，便会豁然开朗。如果想要独立、不受伤，或者想要被人疼爱，就必须改变自己对自己的态度，只是人们在无意识中拒绝理解这一点。

通过本书，希望大家都能理解与明白自己在无意识中拒绝什么。

第二章

自我接纳

● 欣然地接纳现实中的自我，无论它好与不好

美国心理学家乔治·温伯格（George Weinberg）在他的著作中说过这样一句话："追求名声就是追求爱。"

人们有意识地努力追求名声，无意识中却是在追求爱。因为意识中对名声的渴望是"反动形成"，所以非常强烈。然而，无意识中是强烈的自卑感。"反动形成"的名声扰乱了人心，致使人们即使获得好名声也感觉欲求不满。而如果收获不了好名声便会大失所望。

另外，有些人之所以抱有"想要拯救全人类，解决所有人的烦恼"这种救世主情结的宏伟愿望，是因为无意识中存在着强烈的自卑感。伟大的自我形象，实际上是无意识中强烈的自卑感产生的"反动形成"。

有野心的人总是无法消除紧张，因为他没有接受真正的自己。有的人努力拼搏，不惜损坏身体健康，有的人过度追求奖赏，甚至把帮助自己的人当成敌人看待。

为什么会有那么大的野心呢？因为他们的内心非常自卑，认为没有名声、财富和力量的人生会苦不堪言。这便是总想受苦的生活方式。即使想停止受苦，无意识也在抵触，莫名地阻碍人获得幸福。

如果不能意识到并承认这种无意识的阻碍与抵触，即使拼搏一生也不会幸福。

不要为了成为他人而努力，自己就是自己，无须和他人比较。只要为过好自己的人生脚踏实地地努力，便不会焦虑不安，也不会精神紧张。

5. 残酷的自我批判和残忍的自我蔑视

抑郁症患者对自己的强烈憎恶，实则亦是对周围人的强烈憎恶。正如弗洛伊德所说："残酷的自我批判和残忍的自我蔑视等，从根本上说都是有针对对象的。抑郁症研究表明它是一种针对他人的复仇形式。"

抑郁症患者之所以饱受抑郁之苦，根本原因在于他们内心深处隐藏的敌意与愤怒。然而，这种愤怒终究是无意识的，要想意识到这种隐藏的愤怒并非易事。

因此，也有人不明缘由、一味地承受着痛苦与煎熬，残喘着生活。如果意识不到自己真正憎恶的是周围的一些人，便会终日郁郁寡欢，不得解脱。

卡伦·霍妮认为，愤怒有三种反应形式。首先是"身心不适"，具体表现为容易疲劳、偏头痛、胃部不适等；其次便是复仇；最后是"高调卖惨"，总是宣称自己受了伤害，到处诉苦喊冤。正如我在前言中所述，一个人诉说自己痛苦、难过、被伤害等，实则是内心愤怒的外在表现。于他们而言，高呼痛苦只是憎恨的一种间接表现。

　　卡伦·霍妮说："痛苦是表达愤怒的一种手段。"对于处于痛苦中的人来说，痛苦便是救赎。愤怒往往会戴上"正义"等各种面具，以虚伪的形式出现。越是无厘头的愤怒，越表现得夸张，人就越喜欢诉苦。

　　愤怒的面具除"正义"外，还有"悲惨"。沟通分析心理学（让人心理和行为舒服的心理学）指出，"慢性的、不愉快的情绪"表现为炫耀悲惨，而炫耀卖惨本就是攻击性的间接表现。有些人甚至通过夸大自己的悲惨来操纵周围的人。

　　另外，攻击性经常戴着各种面具伪装成"烦恼"。例如，名为失眠症的面具。睡不着并不意味着失眠。因为睡不着而烦恼时，才会产生失眠症。有人总是没完没了地哀叹自己睡不着，通过无休止的牢骚间接地表现出隐藏的敌意和愤怒。

　　疾病亦是如此。无意识中被压抑的愤怒和敌意，也会伪装成疾病的形式，故而有些人面对疾病哀叹不已。不停地叹息也是愤怒的间接表现。因此，即使周围的人建议他不要总是唉声叹气，告诉他要保持积极的心态，一味地叹息对病情不好等等，他也不会停止叹息。这些人通过叹息来宣泄愤怒之情。从某种角度来说，叹息可以将积存的负面情绪释放出来，能让人舒服些许。

现实中的痛苦大同小异，但内心的痛苦迥然不同。不幸福也是憎恨情绪的一种伪装，即用自己的不幸来发泄憎恨之情。紧紧抓住不幸不放的人，除了让自己变得不幸之外，不会用其他方法来表达憎恨。他们通过向周围人炫耀自己的不幸，来找到憎恨情绪的发泄口。说"我很不幸"，就是"我很不甘心"。

6. 当退行欲求打败成长欲求

自古以来，人们便常说："人生要积极向上，不要总是悲观哀叹。"

很多人以为最早提出积极思维方式的重要性的是美国牧

师、作家诺曼·文森特·皮尔①。然而，担任牧师约 50 年的皮尔博士本人曾说，使徒保罗（早期基督教领袖之一）很早以前便说过同样的话。

这意味着公元前便有了"人要常想积极快乐的事情"的说法，而不是近来或现在才有的说法。然而，历经几千年，所有怀有"隐藏的敌意"的人依然无法积极向上地生活。他们无法转变思维去想快乐的事，也没有这种欲望。

"常想积极快乐的事情"是一种"成长欲求"，但并非所有人都能顺应并且按照这种成长欲求生活。因为人的无意识中存在着与成长欲求相矛盾的"退行欲求"。

为何人总有烦恼呢？因为比起努力解决问题，叹息与抱怨在心理上要轻松得多。解决问题需要自发性和能动性，而抱怨问题则不需要。更重要的是，抱怨与叹息能让人的退行欲求得到满足。

---

① 诺曼·文森特·皮尔（Norman Vincent Peale, 1898—1993），闻名世界的牧师、演讲家和作家，被誉为"积极思考的救星"和"奠定当代企业价值观的商业思想家"。

退行欲求是指寻求即时的满足感，以及摆脱负担的欲望。就像是小孩子可以完全依赖母亲、肆意撒娇的欲望。

再比如，一个人犹豫是遵从成长欲求还是遵从退行欲求行为时，遵从退行欲求可以让人的心理轻松很多，所以人们才会选择叹息。可以说，人们叹息并非真的因为无法解决问题，而是因为比起解决问题，遵从退行欲求的叹息让人更为舒服。

有烦恼的人大多是受到退行欲求的影响，没有应对能力。对于这样的人，无论你如何劝他想些积极快乐的事，都毫无意义。就像劝说有酒精依赖症的人戒酒一样。

"思考积极快乐的事情"是意识领域的想法，可他们的无意识中总是想受苦。因此，可以说人总是想受苦，并且执着于这种痛苦。

神经症倾向较强的人会更执着。因为真实的他们从小便不被人接受。对于这样的人，虽然很难，但只要有人认可他们的能力，他们便能得到救赎。然而，从来没有人认可或接受过真实的自己。

自身的变化和成长一直被忽视，这令他们一次次地感到失望。可以说,他们周围都是不愿意接受真实的自己的人,可想而知,生活在这样的人际关系中,如何能积极快乐地笑对人生?

　　作为一个真实存在的人,他们也许从来没有被认可过。这致使他们从未把自己当作一个真实存在的人,他们自己也拒绝接受真实的自己,于是他们选择了痛苦的人生。越拒绝真实的自己,否认真实的自己,痛苦的感觉便越强烈。

7. 想要不再痛苦,就要改变对自己的态度

　　与一个人的幸福指数密切相关的不是他的意识,而是他的无意识。

　　有的人从小就饱受非议。这样的过去,导致他长大后对待生活消极而悲观。如果父母严重自卑,或者有强烈的神经症倾向,孩子无意识中便会以为自己不受喜欢,进而感觉全世界对自己都不友善,也随之不喜欢这个世界。其结果就是,

孩子不会思考积极快乐的事，而总是想受苦。严重自卑的人对现实的认知亦是扭曲的，即使面对现实生活中积极快乐的事情，他也总是感觉很痛苦。

想要不再痛苦，就要改变对自己的态度。比如，不用批判的眼光看待事物，而是用好奇的眼光，这是成长的关键之一；远离自己内心无法接受的纷纷扰扰，给心灵找个容身之所；做好迎接变化的准备。

所谓改变，不仅是行为，还有内心。重新整装出发，也许你会发现自己无论身在何处都在闪闪发光。因为它揭示了你拼命活过的痛苦人生的印迹。

神经症患者总是单纯地想要消除烦恼，却又试图逃避真相。然而，只有直面现实、直面自己的无意识，才能真正地消除烦恼。

我们不妨思考一下自己的过去。我们做过什么，没做过什么。通过回顾过去，与现在做个对比，我们就会发现总有比以前好的事情，进而变得积极乐观起来。久而久之，也许就能改变总是想受苦这种无意识，真正快乐地生活。

8. 心理上的自立可以帮助自己成为自己

人往往很难面对和接受"自己对自己绝望"的事实。比如，有的人为了逃避自己无意识中的绝望感，拼命追求力量、财富和名声，甚至不惜累坏身体；有的人强忍着腹痛，坚持工作到最后一刻。他们明知无须如此努力，却不由自主地这样做。这就是所谓的强迫性。

他知道生命健康最重要，以伤害身体为代价的拼搏毫无意义，但是总有些东西打乱了他原有的理性判断。

他在害怕什么？

是什么令他如此不安？

当然，他本人并不知道。他无意识中害怕的是心理上的自立，所以用行为压制这种恐惧感。所谓心理上的自立，就是成为自己。美国著名心理学家大卫·西伯里[①]曾说过，人

[①] 大卫·西伯里（David Seabury, 1885—1960），美国著名心理学家，著有《生而快乐》《如何成功地焦虑》《贴近生活》《保持智慧》等。

类唯一的义务就是"做自己"，他还主张"此外没有任何义务，只是自以为有其他义务而已"。

换言之，人之所以烦恼，是因为没有意识到自己并未在做自己。然而，人都想自立，这种矛盾是无意识的纠葛，久而久之便形成了焦虑。经常烦恼的人，既没有意识到自己无意识中对心理自立的恐惧，也没有意识到这种矛盾。当然，无意识的东西本就很难意识到，很多人甚至没有意识到自己对自己产生了绝望。这些人在不自知的情况下，被这种绝望感支配着。

对自己最大的绝望，其实是自立的失败。很多人没能意识到自己自立失败的事实，更为重要的是，他们没有意识到自己在压抑这种对自立的恐惧感。

一旦意识到自己无意识中的恐惧感，这个人就会豁然开朗。进而，他便不再畏惧那些原本无须惧怕的事情，会鼓起勇气战胜恐惧，身体的不适也会得到改善。

第三章

自我肯定

● 欣赏和肯定自己，可以培养自尊、发展自信

　　经常烦恼的人，因为总是逃避无意识中的绝望，所以
不但不了解自己，也不了解他人。比如小时候，我的父母
以及周围的人总是打击我，使我非常绝望。但我自己没有
意识到这些。

　　有一定目标的人，无意识中不会有虚无感，也不会对自
己绝望。与此相对，总是追求一些虚无缥缈的名利的人，无
意识中会对自己绝望，而自己又逃避这种无意识中的绝望。
于后者而言，如果不想办法解决内心的矛盾，就很容易忽视
真实的自己。

　　真实的自己不仅无法帮助解决内心的矛盾，反而还会阻
碍我们解决内心的矛盾。于是，人便开始憎恨真实的自己。

人之所以憎恨自己，是由于缺乏基本的对爱的需求，也没有勇气面对自己的命运。身心俱疲、拥有烦恼的人，无意识中已经积累了超乎自己想象的诸多愤怒，其内心深处积蓄着难以想象的怨气。

有些人执着于维护自己的正面形象，实则是不想直面内心的矛盾。正因为憎恨自己，才需要"自我光荣化"。因为真实的自己和想成为的自己之间相差甚远，所以不想直面无意识中的这种自我蔑视。

换言之，因为对真实的自己感到失望，所以会紧紧抓住所谓的荣誉不放。

9. 思考自己适合什么，而非他人认可什么

人生漫漫，每个人生活中或多或少都会受到一些屈辱。这些屈辱被冻结在无意识的记忆里，使人长期处于压抑中。

这种压抑使人焦虑，无法悠闲度日。孤独、不安和焦虑等情绪相互交织在一起，在无意识中不断累积。于是，便急于通过超越别人让自己安心，从而登上了错误的船。

有些人因为焦虑而走进自己不擅长的领域，并在这不擅长的领域里努力。这样的人没有思考自己"适合做什么"，而是关心"世人认可什么"。这样自然是活得很累。然而，他们即便活得很痛苦，也不想换船。他们执着于自己选错的小船，一路向前。最后发现这条路行不通，希望破灭。

那么，他们为何不换一艘船呢？

阻碍他们的唯一障碍，便是他们那"扭曲的自以为是的价值观"。这种自以为是的价值观让人绝望，但他们依

然对此视而不见。不过，绝望中孕育着希望，正如罗洛·梅[①]

的"意识领域的扩大"的说法，经历过这样的绝望之后，

人的视野就会拓宽，遇到可以交心的朋友，看到全新的世界。

有些人小时候很难与周围的人产生共鸣。因为没有人际

交流，所以没有打好人生的基础。在人格尚未形成、自我尚

未建立的情况下，产生扭曲的价值观。这使得他们在长大成

人后始终无法与他人产生共鸣，交不到真心的朋友，因此过

着失败的人生。

10. 生命的力量在于不顺从

一个人在自己不擅长的领域很难活出自我，内心也容

易出问题。但他意识不到自己内心有问题，依然苦苦挣扎，

---

① 罗洛·梅（Rollo May，1909—1994），美国存在心理学之父，
人本主义心理学杰出代表。曾两次获得克里斯托弗奖章，获美国心
理学会颁发的临床心理学科学、职业杰出贡献奖和美国心理学基金
会颁发的心理学终身成就奖章。

不但意识不到自己走错了路，还误以为自己在做着很了不起的事。

心理有问题的人，自小便舍弃了自己的意愿，顺从养育者的意愿生活。虽然有时可以很好地适应社会，但内心是崩溃的。倘若交际再遭遇坎坷，人生就会陷入僵局。

而且，这种内心的崩溃不易被人察觉。无论是他本人还是身边的人，都不认为他的内心有什么问题。

虐待狂便是从绝望这一心理土壤中培育出来的。这样的人即使出人头地，比如成为政客或者成功的商务人士，心理也总会出些问题。比如在公司运用权力对下属施威，对家人施暴，等等。在外人看来，他是近乎完美的成功者，但其内心世界已千疮百孔。然而，他本人从未想过自己是虐待狂，甚至认为自己比别人都优秀。因此，现代社会中有的精英人士会因为小小的失败而自杀。

一些工作环境优越的地方，比如大企业和地方政府等，也会有抑郁症患者。失败之所以对他们产生如此大的影响，其根本原因在于他们对现在的自己不满意。

如果是自己擅长的工作，只要努力便能克服困难。换言之，只要在自己擅长的领域充实而快乐地生活，失败就不算是失败。它不但不会让人消沉，反而会激发人的斗志，让人更有信心和干劲。

活不出真正的自己，便会因为失败而焦虑。"自我异化"的人在遭遇失败时，内心极其恐惧。人生难免经历失败，但自我实现的人的失败与自我异化的人的失败截然不同。

失败首先对他们自己内心的影响不同，再者对周围人的影响也大不相同。

人类的胎儿在母体时处于完全被保护的状态，从出生那一刻起，胎儿作为个体与母亲分离，开始走向"个性化"的道路。

随着这种个性化的发展，无意识领域就会产生孤独和不安。很多人因为担心自己一个人可能不行而变成了迎合型性格，也有人因此患上了"好脸色依赖症"，变成"顺从型人格"。

就像酒精依赖症的人依赖酒精一样，"好脸色依赖症"的人也只会给别人好脸色。很多人放弃个性，服从他人，以求安心。这些人能够很好地适应社会，表面上看是社会上的优秀人士。

美国心理学家罗洛·梅说过，这与"放弃自身的强大和统一性"有关。这样的人感觉不到自己的重要性。

其结果就是害怕别人不喜欢自己，而且这种恐惧感日益增强。于是，他们对任何人都笑脸相迎，一味地顺从，这种"不想被讨厌"会成为"现代的瘟疫"。也有人变成攻击型人格，因为内心的不安而随意攻击别人。

11. 走个性化道路的勇气和能力

想必不少人听说过"被讨厌的勇气"这一说法。其实，正确的说法应该是"走个性化道路的勇气"。除"勇气"外，更重要的还是"能力"。要想活出有意义的人生，必须具备"走个性化道路的能力"。

人类生来便有天然的"无力感"和"依赖性"。因此，我们需要勇气和能力来战胜它们。这种勇气和能力，可以帮助我们形成良好的人格，我们也因此获得精神上的放松，知道自己应该做什么，进而过上有意义的生活。

反之，人生就会陷入僵局。比如，放弃自己的个性，一味服从，以听话乖巧的性格适应社会。这也意味着放弃了自身具备的强项和和谐性，会逐渐感受不到自己存在的价值。罗洛·梅所说的"倘若一个人失去了自身内在的力量，会是多么可怕的事情"，也正是此意。

希特勒执政时期，担任党卫队领袖的海因里希·希姆莱①自小对父亲百依百顺，长大后又服从希特勒，成为一个极为听话、唯命是从的人。他内心强烈的无力感，致使他变成渴望力量、喜欢控制的虐待狂，肆意屠杀犹太人。

施虐者表面看上去都像是成功人士。要想拥有丰富多彩的人生，必须正确理解成功人士、施虐者、自我异化者之间

---

① 海因里希·希姆莱（Heinrich Luitpold Himmler, 1900—1945），第二次世界大战期间纳粹德国的一名重要政治人物，曾担任纳粹德国内政部长、党卫队全国领袖。纳粹大屠杀的主要策划者。

的关联。其实，我们的身边有很多"小希姆莱"。所以社会
上总有欺凌，无论是家庭还是学校或公司，时而会有欺凌事
件的发生。

一些看似优秀的人，会因为他人的批评而勃然大怒。倘
若无法发泄，他便会意志消沉、忧郁低迷，甚至从此一蹶不振；
就像一块沉入水底的石头，再也浮不上水面。整个人一直处
于忧郁状态，完全没有精神。这种心理现象说明，这个人的
内心已然崩溃。

也许旁人很难理解一个人为何会因为他人的一些闲言碎
语便意志消沉，甚至长期郁郁寡欢。以局外人的身份看待此
类事件，或许确实有些难以理解。倘若我们设身处地地考虑
一下他的内心，便会明白一二。

正是这些在旁人看来无关紧要的一句话，刺激了自我异
化者心中的绝望感，令他勃然大怒。因为他一直以来的努力
拼搏，正是为了逃避这无意识中的绝望感。

他总是能通过力量、名声等多种方法，让自己从绝望感
中逃脱。就像有烦恼的人总会逃避对自己的失望一样，这些

人不敢面对自己对自己的绝望。为了逃避这种失望感和绝望感，他们会逼迫自己必须做一些事情。这就是强迫性。

为此，他们需要一个成功人士的形象。一旦这个形象受到伤害，他们便会勃然大怒。如果这份愤怒不能得到宣泄，人就会变得忧郁。就像一般人被人用手枪威胁时会做些逼不得已的事情一样。于他们而言，他们内心的"危险情绪"就像这把手枪一样。

被无意识驱赶的"危险情绪"一直在试图回到意识中，而他们的本能反应便是阻止它。为了阻止它，他们一直要做一些事情。比如努力获得成功，获得财富，获得权力。这也是强迫性。在他们看来，仿佛没有那些就无法生活。而心理健康的人没有那些也能生活。可以说，对于何为生活的必需品，神经症倾向较强的人与心理健康的人有着不同的理解。

12. 主张独特性，或许是神经症

某个大学里一名教授几乎没有真正意义上的学术成就，

他试图赶走这种自我否认的意识，不想承认自己没有学术上的业绩或价值。于是，他在内心企图建造一座可以保护自己的宫殿，患上了神经症。他自以为自己在学术领域是个失败者，常常抱怨学问无聊。

其实，在正常人看来他完全不必如此。但于他而言很有必要，因为这是他自我保护的一种方式。在他看来，学术业绩很重要，自己却没有业绩，故而失败。然而，人的本能使他不想承认自己的失败，想要逃避这样的想法。

试图把某种想法赶出意识的行为，不仅会让这种想法继续存在，也会让整个人不断被这种抵触性的想法支配。例如，为了保护自己，出于自卑而批判别人，说全世界的人都是傻瓜，不接受所有人对自己的合适的评价，还总是通过批评别人，来避免意识到对自己的失望。

让自己看起来很厉害，也是一种强迫性的名声追求。有一种人被称为"地位追逐者"。他们需要社会地位来逃避自己没有能力的现实。因为在勉强自己，所以会感觉很辛苦。其实，这样的努力非但没有意义，还会造成内心的绝望感。

乔治·温伯格曾说："无论做什么都是带有强迫性的行为。""行动本身，被某种世界观所驱使，让人再次产生不适感。"比如，有人为了逃避工作上的钩心斗角，全身心投入家庭。这是一种带有防御性的价值观——家庭之爱。这样的人声称"社会上的成功、事业的成功毫无意义"，高调主张"家庭之爱最有价值"。然而，他越是这样主张，就越会加深自己无意识中事业失败的自卑感。

很多被称为"怪人"的人都是这样。他们认为只要自己做了与众不同的事情，别人就不会用社会上的普遍标准来评价自己。正如奥地利精神科医生伯朗·沃尔夫所说："主张独特性就是神经症。"

坚持与众不同，坚决拒绝以社会上的普遍价值标准来评价自己，工作狂就是如此。其实，有酒精依赖症的人和工作狂在心理上是一样的，都是为了逃避对自己的绝望而依赖酒精或工作。

第四章

求认同、求喜爱、求赞美

● 被他人的看法控制的人生，何谈尽兴

　　努力的动机很重要，如果为了克服不安而努力，人只会变得越来越不安。

　　一个人之所以越来越不安，是因为他在为"比别人更优秀，比别人更有能力"而努力。如果你感到不甘心、辛苦或者痛苦，不妨问问自己为何如此拼命努力。然后，弄清楚自己这么努力得到了什么，便不会迷失方向，走错道路。

　　倘若自己的努力只是为了"比别人更优秀，比别人更有能力"，就说明自己的无意识中存在着矛盾。一个人如果不能明确地了解自己，就会一直被无意识所控制和驱使。也许旁人会不理解他为何要做那种愚蠢的事。但从他的角度来看，他确实有不得不那样做的情绪和情感。

卡伦·霍妮称这种心理为"情感盲目性"，她认为："情感上的盲目性源于无意识的必要性。"我们本可以积蓄能量来改善自己的生活，却做了这些无益甚至有害的努力，实在可惜。

众所周知，毒品会让原本可以改善自己命运的大量能量流失。其实，不只是毒品，对名声的强烈追求也同样无益。一味主张独创性，不为切合实际的目标而努力的人也是一样。"活得不像自己"与吸毒一样，都在无意识中白白浪费了自己的能量。

很多有烦恼的人，都是自己塑造了悲剧人生。其实只要真正做自己，就能产生自我肯定感、成长的欲望和生存的能量，而且能够将它们用于有用的事情，塑造有意义的人生。

正因为如此，西伯里才说，人类唯一的义务就是"做自己"，他还主张"此外没有任何义务，只是自以为有其他义务而已"。换言之，别人如何看待自己并不重要，重要的是自己是否了解自己——自己这辈子想做什么。

　　无法做自己的人的爱和诚意都是虚伪的。无法真正做自己的人会因为虚无感而想让他人参与进来，以激活自己的人生。他们出于自己的无力感，却想要支配他人，披着爱的外衣成为施虐者。更可怕的是，他们自身意识不到自己是施虐者，即使有所意识也不会承认。

13. 给原本无意义的人生赋予价值

　　丧失自我的人在无意识中认为真实的自己没有价值，并且试图将这种对自己的失望从意识中抽离出来。因此，他的意识中认为自己有价值，无意识中认为自己没有价值。

　　然而，人总是无法战胜自己的无意识。当一个人意识到自己无意识中在否定自己时，便会逐渐开始治愈。

　　西伯里曾说："成为应该成为的自己。"如此，便能吹散心中的迷雾，收获一片晴空。无论他人做何感想，自己的人生都会被赋予意义。

　　为何有的人认真努力，却诸事不顺呢？其实，有意识的努力没有任何问题，问题真正的源头是一个人的无意识。一个人内心深处无意识中的绝望或者对人的依赖性和敌意等，这些都会影响人际关系。这样的人即使没做过什么坏事，也会活得很痛苦。

　　有些外在的遭遇是有形的，是可以意识和察觉到的，比如裁员、患难治之病、失恋、出交通事故等。但无意识世界里的事情是无形的，是很难意识和察觉到的。

14. 所有的烦恼都源于丢失自我

一个人因人际关系而苦恼，其实是因为无意识中存在着矛盾，而不是意识领域的问题。

西伯里说过："一个人之所以烦恼，根本原因便是'丢失自我'。"罗洛·梅也说："决心做自己，才是人类真正的使命。"这些话说起来容易做起来难，因为只有人的无意识才知道自己"丢失了自我"。

一个人之所以烦恼不断，长期处于痛苦中，不断地产生错觉，越来越看不清自己，正是因为没有意识到自己已经丢失了自我。

有些人虽然事业平平，但心态平和，精神安逸，让人很是舒服。这样的人拥有积极的心态和能量，拥有交心的挚友，不会与人攀比或者试图超越别人，可以说是整体中的一个成功个体。

相反，有些人虽然在工作上业绩突出，但有时会钻牛角尖，陷入自己扭曲的精神世界中。这样的人很难有交心的朋友，他们的无意识中充满了不安。

15. 承认人生的空虚并不意味着失败

一个人努力在他人面前扮演完美的自己，是为了逃避无意识中"自己没有价值"的想法。久而久之，他便完全活在了一个满是错觉、充满幻想的世界里。这个世界仿佛是封闭的，致使他看不到外面真实的世界。

只要他能意识到自己内心深处唯一的真正的情绪——"我对自己的人生感到绝望"，便可以将绝望转为希望。

心怀希望，真正感受到在自己擅长的领域发挥一技之长的快乐，便会逐渐恢复自信，精神饱满地过好每一天。

当你意识到这个世界本就形形色色、千姿百态，他人的价值观与自己身边人的价值观完全不同时，绝望感就会带你走出旧世界，步入新世界。

当你感觉人生遭遇瓶颈期时，不妨反省一下自己。若能意识到自己无意识中扭曲的价值观，就会如醍醐灌顶，开拓出新的人生道路。

要想内心得到彻底的救赎，就要真真切切地感受内心原本的矛盾与虚无感。万不可自欺欺人。内心的矛盾与虚无感都是一个人真实的情绪情感。我们无须为了保护自己的价值而步步经营，而应坦然感受自己人生的空虚，这才是要事。

第五章

为何如此在意他人的看法

● 让别人的看法留在别人那里，它就无法伤害到我

　　有些人在意识上总想顺从身边人的意愿，无意识中却心
怀敌意。人不可貌相，一个成熟的成年人，内心即无意识中
也可能是个任性的幼儿。这便是美国心理学家亚伯拉罕·马
斯洛①所说的"疑似成长"。

　　一个人努力地对人友好，却没能从对方那里得到预期的
回应，甚至感觉别人不太喜欢自己，于是也开始不喜欢别人。
这是因为这个人的无意识中存在强烈的自卑感。

　　自卑感的表现之一便是"讨厌人类"。也就是说，他讨

---

　　①　亚伯拉罕·马斯洛（Abraham Harold Maslow，1908—1970），
美国社会心理学家、比较心理学家，人本主义心理学（Humanistic
Psychology）的主要创始人之一。

厌身边的人，只是他本人并未意识到这一点。而对方会对他无意识中的敌意、自卑感做出反应，导致他无论多么努力都无法获得别人好感，期待总是落空，从而无法建立理想的人际关系。

无论一个人在意识上对别人多么友好，如若无意识并非如此，都会如竹篮打水，无法建立和谐的人际关系，因为对方会对他的无意识表现做出回应。于是，他便会愈加不满，自己已经如此努力对人友好，不明白为何付出没有回报。

这样的人际关系不限于朋友、同事，家人之间也是一样，可能父母会对孩子越来越不满，或者夫妻之间互相抱怨。比如丈夫总是对妻子说："我已经这么努力了，为什么你还是……"父亲总是对孩子说："我这么努力为你，你却……"的确，他们都在努力付出。可是对方看到的并不只是他们努力的态度，做出的种种回应也不是针对他们的这份努力，而是他们无意识中的敌意和自卑感。

16. 执着于希望对方更爱自己的真面目

如果父母是权威主义者，而孩子又一味顺从的话，孩子的无意识中会产生过度依赖和不可靠的情绪。一味顺从虽然会让人的意识变得稳定，但也会让人的无意识感到不安。顺从和敌对就像硬币的正反两面，使情绪处于不稳定的状态。

依赖情绪越是饱满的人，越在乎他人。正是这种情绪，致使他很容易因为别人的一句话动摇自己的内心。而内心越是动摇，便越想紧紧依赖他人；越依赖他人，便越会为之动摇。无论多么善良的人，一旦陷入这样的恶性循环，精力都会逐渐被消耗殆尽，憔悴不堪。

心理上有问题的人会产生错觉，以为越执着便是越爱对方，从而越紧紧抓住对方。他们认为这种让人近乎压抑的在乎与关注都是爱的体现。

其实，他们所谓的浓浓爱意都来源于自己内心强烈的不安，他们将自己"需要对方"的心情理解为"爱对方"，却忽视了自己希望被爱的要求中隐藏着敌意。因此，无论对方多么爱自己，都感觉不到爱。

倘若一个人在这种依赖性很强的状态下恋爱、结婚、生子，那将会是一件非常糟糕的事。出于寂寞闪婚，随后一生执着、纠缠对方，相信大家看到过不少这样的例子。

与其努力让自己不去在乎别人的言语，不如重新审视自己过去的人际关系，思考一下为何自己的依赖性如此强烈。这样的努力才有意义。

我们只看到了"在意别人说的话"这一表面现象，并试图改变它，却忽略了这一表象背后的实质。然而，我们的情感并没有那么好控制，不是我们想不在意就能不在意的。

美国精神心理学家弗洛伊登伯格指出，判断自己是否患上"燃尽症候群"的一个可靠方法，就是观察自己的能量状态如何。他认为："如果明显变少，就说明有异常。"

此时，倘若努力鼓足干劲，只会消耗更多的精力。

那么，这时应该做什么呢？其实，最重要的是重新审视自己现在的人际关系，思考"是什么让自己倍感压力""是不是在一些不诚实的人身上，或者在一些不必要的事情上

耗费了大量精力，才发现不值得""在害怕什么本无须害
怕的事情"等等。

17. 想要保持理性，必须与人交往

漫漫人生，一个人无意识中隐藏的本质，总会以某种伪
装的姿态暴露，其中之一就是"事业上成功，关系中失败"，
即工作能力很强，却无法与人和谐共处或总是与人确立带有
依赖性的敌对关系。也有很多人事业有成，家庭却不和睦。

有些精英人士在外工作风光体面，颇有业绩，家庭生活
却如一盘散沙，处理不好夫妻关系和亲子关系，甚至因为一
点小小的失败而自杀。这些精英商务人士也许有一天会突然
倦怠虚脱，患上抑郁症。他们虽然成功立足社会，但内心乏
力无助。因为他们的心理只是"疑似成长"，意识和无意识
处于分离状态，才会表面上笑脸迎人，实则紧闭心扉。这种
行为与现象便是隐藏在他们无意识中的情感的体现。

　　他们的无意识中隐藏着愤怒，或是记忆中封存着恐惧，抑或是内心深处有着强烈的自卑感。据说，强烈的自卑感会阻碍人们认识自己真正的情感，并且自卑感也很容易被压抑在心底。

　　有些人总会因为一些小事琐事而烦恼，心理健康的人很难理解他们为何因那些小事琐事烦恼。而对那些因琐事烦恼的人来说，别人劝说毫无作用，即说明道理无济于事。不安的人会因为别人一句不经意的话语而动摇内心，甚至变得冲动，感情用事；也会因为一些小事就与他人发生争执、产生矛盾。

　　其实，这些小事不是他们烦恼的根本原因。问题在于这个人的不安心理，这种不安扰乱了一个人的内心。这样的人内心往往很容易动摇，情绪起伏较大，性格也比较难缠。

　　从人格的角度来说，与因大事生气相比，因小事生气问题要严重很多。比如，一些丈夫会因为妻子的回答方式不妥而勃然大怒，而且那种怒气很难平复。很多女性为之苦恼，完全不明白丈夫为何总因一些小事而恼羞成怒。其实，原因很简单，丈夫的内心是不安的；而且，他的心底堆积了很多的敌意和攻击性。

在临床上经常可以观察到这样的现象，一些独立性强或者处于孤立状态的人，经常压抑着自己内心与他人建立某种明确关系的欲望和愿望。还会因为一点小事不顺心便突然意志消沉、垂头丧气。其实，根本原因是这个人内心不安，才会视一点小事为大事。正如一个根基不稳的工程总会出问题一样。

世界上没有人的心理完全健康，任何人都有神经症的一面。直面这些神经症的部分，便会开拓出新的道路。乔治·温伯格指出，所有神经症倾向强烈的人都有不想看到和感受到的真相。所以，我们不妨自我反省"我不想看到什么样的真相"。如此一来，或许会有新的发现与收获。

心理学家艾瑞克·弗洛姆① 曾说："人要想保持理智，

① 艾瑞克·弗洛姆（Erich Fromm, 1900—1980），美籍德裔犹太人，人本主义哲学家和精神分析心理学家。被誉为精神分析社会学的奠基者之一。

就必须与人交往。这比对性和生存的欲望还要强烈。"那些成功立足于社会的人却在生活中屡遭坎坷，问题究竟出在哪里？不错，正是弗洛姆所说的"与人交往"。然而，这种"与人交往"的问题往往很难从外部察觉。

一些社会精英在内心中其实依然像迷路的小孩。他们总是不明所以地感到焦虑，而且往往意识不到自己内心的迷惘。换言之，不了解自己内心的人，即使成为社会精英人士，也会不分缘由地焦虑不安。

也可以说，判断一个人是否具备健全的人格，不只要看他是否成功立足于世，即使是很了不起的社会精英人士，也可能有人格缺陷。人格健全的人对自己的生活方式满怀信心，不会迷失方向。他们能够从容淡定地生活，并不是因为比别人有更多的时间，而是因为他们内心知足。内心知足者不会自找烦恼，知足常乐有助于形成健全的人格。

一个人的内心乏力无助，无法结识交心的挚友，这一现象背后隐藏着的本质是，这个人并未自发地想与人接触，他的无意识中怀有不安。而这样的人如果意识不到自己无意识中的不安，无论多么努力，都无法建立良好的人际关系，无法收获幸福。

虽说想要生存，我们必须学会适应外界，但是适应了外界并不意味着内心得到了满足。换言之，适应了社会并不意味着适应了自己内心的情感。而外人看不出一个人的内心状况，只看到他很好地适应了社会，便以为没有问题。

18. 找回迷失的自己

虽说性格因人而异，但喜欢宅在家里甚至有些自闭的人多在意识上无法放弃自己的高大形象，无法敞开心扉地结交朋友。他身边的人也不愿意与他多接触，因为在现实生活中，大家都无法接受他的自大形象，不想与之来往。久而久之，这个人便开始自我封闭起来。为了维护自己的高大形象，在现实社会中他只能选择自闭。

自闭的人意识中都有神经症式的要求，那便是高大的自我形象。然而，他们的无意识中却有着强烈的自卑感。作为它的结果，形成的便是狂妄自大的自我形象。只要他们本人意识不到自己的无意识，那么无论他们在意识上多么努力，都于事无补。

他们逃避着自己无意识中的依赖心理和撒娇心理，一味地故作姿态，希望别人高看自己。他们太希望自己在别人眼中是个身心强大的人。正所谓治病要治根，不改变自己的无意识，意识中的所有努力都会化为泡影。这种自大的形象中有自恋心理、依赖心理、恋母情结等等，都是弗洛姆所说的"衰退综合征"的表现。

这种营造的自我形象会在现实中受挫，致使他们对人生产生绝望情绪，而他们又会本能地极力压抑这种绝望。这种被压抑的绝望，正是"人总是想受苦"的原因，就像"痛苦依赖症"一样。因此，他们一边在意识中维护着自己苦心经营的伟岸形象，一边被无意识的不满所驱赶，导致意识和无意识逐渐分离，最终迷失了自己。

他们对身边人的不满也在心底不断累积。日复一日地积累，直至患上自闭症。

通过掩饰自己来解决人生中各种问题的人，通常会在人际关系和工作中遇到困难。从其与身边人的交往中也能看出来，他们内心根本不想与他人建立联系。对他人的不满情绪，使得他们郁郁寡欢。而他们之所以对身边所有人都抱有莫名的不满和愤怒，其实是因为内心深处不想与任何人有所关联。

正因为他们从心底拒绝与人来往，所以他们在日常生活中无法坦诚地面对旁人，甚至是自己的父母。根本问题便在于他们不了解自己的内心，意识不到自己内心根本不想和任何人有联系，不知道自己在日常生活中长期积累的不满，皆是因此而起。

第六章

来自原生家庭的伤

● 打破原生家庭的束缚，修补自己的性格缺陷

　　长期压抑在内心的焦躁，会体现在人际关系上。

　　例如，一个 28 岁的年轻人从小便对自己的父亲既服从又充满敌意，并为此烦恼。他表面上对父亲百依百顺，无意识中却憎恨自己的父亲。甚至直至今日，他都无法面对这种矛盾，无法拯救自己的内心。而这种矛盾会发生转移，转移到现在交往的朋友、同事、配偶等身上，即所谓的"情感转移"。

　　他换了多份工作，总是无法与上司和睦相处，他本人也为此烦恼。其实，他只看到了现在的问题，即和现在的上司相处不好，而没有意识到，这些问题都源于过去。因为他至今都没有解决过去的问题，没有正视与父亲相处的矛盾。

　　他没有叛逆期，一向顺从父亲的意思。然而，他无意识中却对父亲怀有强烈的敌意。

　　这内心隐藏的对父亲的敌意，在职场关系中便转移到了上司身上。因此，无论换多少次工作，想必他都无法与上司和睦相处。因为问题根本不在上司身上，而是在他身上，他没有解决过去的心理问题，过去的问题发生转移，造成了如今的局面。

19. 父母严苛教育下的孩子如何缓解痛苦

如果父母的依赖心理和撒娇心理过于严重，孩子便无法向父母撒娇，不能随心所欲、畅所欲言。孩子也许会在无意识中压制内心的不满，或者意识到了内心的不满。不可否认的是，他们的内心是痛苦的。可以说，小时候无法与父母交心的人内心往往会感到寂寞。

寂寞会妨碍一个人认识自己内心真正的情感。即使内心讨厌，也无法察觉。

当一个人感到寂寞时，很容易结识品质不好的人。所谓品质不好的人，是指那些不承认自己内心有创伤、不考虑别人内心感受的人。这样的人往往对别人没有同情心。

真正的好朋友会互相鼓励，即使身陷痛苦也会互相鼓励。然而，出于寂寞或自卑而与人交往的人，不会被其他人爱，也不会有好朋友。于大家而言，他是个可有可无的人，而他本人并不知道自己被如此看轻。

强烈的自卑感会妨碍一个人认识自己内心真正的情感。

这时候也容易结交品质不好的人。品质不好的人不会努力与他人一起克服困难，作为朋友也无法给予他人安慰。他们彼此不信任，也无法从与他人的交往中获得安宁。

他们没有意识到，也不承认彼此之间的关系是虚假的，是不能给予彼此安慰的。最重要的是，他们一直在逃避现实，逃避因为心理有问题而无法付诸行动的事实。如果能够认真思考和面对这个问题，即"我之所以不开心，是因为自己一直在拒绝承认什么，在逃避什么"，便会豁然开朗。可问题是他不承认这种事实。

与虚伪的人交往，只会让愤怒和悔恨在无意识中越积越多。维持这样的人际关系，无意识中的问题便会堆积如山。本来，与人交往可以培养一个人的沟通能力，还可以让人找到心灵上的支持与慰藉。好友的鼓励可以让人获得归属感，满足"共同体中的个人"的基本需求。而与品质不好的人交往，往往会适得其反。这样的人坚持自我，过于执着，心中没有他人。他们在社会上也许没有被孤立，但在心理上是被孤立的。

　　这种问题不是一朝一夕形成的，有些人就这样度过了少年、青年时期，又无意识地将这些问题带入了中年甚至老年。企业职员的抑郁症，政客自杀、权力暴力、家庭暴力、虐待儿童等，这些都是隐藏在一个人无意识中的本质的暴露。

　　所谓"疯狂的人"，是指无法与人建立任何关系的人，他的内心就像被关进监狱一样，封闭起来，备受煎熬。我们需要在生活中与他人交往并建立人际关系。这种需求与生俱来，不可逃避。只有满足这种需求，安全感才能得到保障。

20. 想要支配孩子的父母会紧紧抓住孩子不放

　　有一种心理需求叫作"一体化愿望"，比如与人亲热，孩子喜欢以向父母撒娇的形式满足这种需求。这样一来，他们的内心便会有归属感，内心得以安定。

　　反之，如果他们在孩童时期无法向父母撒娇，心怀"一体化愿望"长大成人，成为父母后，他们的孩子会因为拥有自己的世界而产生罪恶感。心怀"一体化愿望"的父母，绝对不允许孩子拥有自己的世界。在他们看来，孩子拥有自己的世界就是背叛他们，与他们作对。

父母这样的心理会导致孩子害怕在外面玩耍，不敢结交朋友。孩子会以为与朋友愉快地玩耍就是对父母的背叛。可以说，心怀"一体化愿望"的父母往往希望孩子与自己永远亲密无间。

一个人想要解决自己内心的矛盾时往往容易将某种情感迁移于他人。这样的父母之所以如此依附于孩子，是因为他们对其他人都束手无策。这样的父母相当软弱，甚至可以说完全无法自立。他们表面上是成人，内心却是幼儿。

因为人都会对对方的无意识做出回应，所以无意识中有问题的父母往往不会被孩子喜欢。

无意识中没什么大问题的父母都会表露出真性情。偶尔会不开心，但不会一直闷闷不乐。而无意识中有严重问题的人总是在忍耐，久而久之便成了性格阴暗的人，有时会故作姿态，呈现出不自然的样子。这样的人在无意识中拒绝成长，而他本人并没有意识到这一点，只知道在无意识中紧紧抓住自己的依赖心理不放。

还有一种情况。有人在无意识中会向往死亡，即对死亡感兴趣。这多是一味顺从权威的父母所造成的结果。由于无意识的不可抗拒性，他们会盲目地感情用事。长年压抑的愤怒让他们失去理智，无法控制自己，总是焦躁不安，郁郁寡欢，最终患上依赖症。

如果父母的内心暗藏愤怒，孩子就会没有基本的安全感，甚至可能拥有除自己本身以外的另一种人格，且不自知。

卡伦·霍妮曾说，"基本不安感"是指在父母的支配下长大的孩子所持有的心理状态。神经症倾向便是孩子在父母的支配下成长的结果。例如，父母会因为自己的失败将所有希望寄托依附于孩子，一心为孩子付出，也希望孩子对自己感恩戴德；或者因为爱的缺失希望得到孩子的爱。其结果导致亲子角色颠倒，父母依赖孩子，而孩子也会因为父母的过度依赖和期待倍感压力。

一位患有"学生冷漠症"的学生这样说道："妈妈为我

做了很多事，但我希望她做的事，她都不做。"母亲对孩子

有各种神经症式的要求。儿子本是一个独立个体，母亲却将

他牢牢捆绑，与自己合为一体。

在那位母亲看来，儿子是自己的延续，不是拥有独立人

格的人。这样的父母养育的孩子即使长大成人后，心中也没

有所谓的"独立人格"，看不到独立人格的客观存在，意识

不到独立人格是与自己不同的。

总之，这样的孩子心中只有自己，总是以自我为中心。

说得难听些，他们的生活方式是扭曲的，根本不知道每个人

都是独特的个体。

21. 与伤害自己的人保持距离

神经症倾向强烈的人，总是想紧紧抓住那些不可能让自

己获得幸福的东西，甚至总是想紧紧抓住让自己不幸的人或

物，执着于连自己都讨厌的自己，总是盯着自己不喜欢的人。

讨厌自己，但又想让别人觉得自己很好；讨厌一个人，但又想让那个人喜欢自己。可以说，他们讨厌别人，却不想被人讨厌。

就像有些人抱怨自己太累太辛苦，却仍选择痛苦的生活方式一样。其实，根本就是他们自己紧紧抓住痛苦的生活方式不放罢了。

这样的人喜欢扮演牺牲的角色，以博得他人的同情和爱。或者内心深处要求他人有罪恶感，甚至操纵他人，想方设法让他人有罪恶感。但他们并未意识到自己这样的心理与行为，他们意图通过这种牺牲角色来证明自己的存在，感受自己的价值。所以他们才会一边抱怨，一边坚持扮演这个角色。倘若他们不再扮演这种牺牲角色，便会失去自我，失去生存的意义。

明明是他们自己主动扮演这种牺牲角色，却又以恩人自居。久而久之，他们便深陷其中，在各种人际关系中扮演可怜施恩的人物角色。与这样的人共事，会让人不由得深感压力，甚至以为自己的成就、成功皆源于他的牺牲。其实，站在正常人的立场，并没有任何人赋予他这种牺牲性的角色，是他自己一厢情愿、刻意为之罢了。

无视自己无意识中存在的问题，就像自己掐自己的脖子一样，无疑是一种自杀行为。

一位老人总是烦恼，说自己情绪不安，并因此拖垮了身体。一番询问后，我发现他好像很在意某个人，于是我问他是否很在意那人，他却予以否认。后来，我又绕弯问了许多有关那人的无关紧要的问题，他便说了很多。

他口口声声说自己不在乎那人，也没有因那人烦恼，潜意识里却非常在意他。

最后，说了那个人的一些坏话后，他的身体竟然有所好转。既然如此，又何必去在意那人呢？我们越在意，越容易伤害自己的身体。

但即使明知如此，我们也很难改变自己。我们需要不停地反问自己为什么一定要在乎他，为什么要和那人纠缠不休。

矛盾的根源大多在于双方无意识中隐藏的情感，只要他们能够认识到自己的内心还很幼稚，认识到让自己痛苦的不是意识层面的想法，而是无意识，问题可能就会迎刃而解。

正是因为他们不承认无意识中的问题，才会深陷情绪旋涡，持续迷茫。他们执意坚持且从未试图改变自己一直以来的神经症倾向，所以无法消除烦恼。我们生活中遇到的有神经症的人，多是固执己见的人。

第七章

为何感受不到幸福

● 活在他人的期待中，注定被他人束缚

　　小时候，我们总会要承载外界的各种期待，而这些期待并非自己的想法和意愿，甚至不适合自己。在这样的情况下，有些人选择了顺从，失去了自我，似乎只为实现别人的期待而生活。

　　当然，也有些父母会充分考虑孩子的个人能力、喜好、个性等，希望孩子能获得真正的幸福。一味顺从父母的子女只得为父母而活；而在自由、思辨的家庭氛围中长大的孩子，会呈现出截然不同的人生。

　　忽略自己的想法、意愿，不考虑人生道路是否适合自己等，只为满足外界种种期待的人，即使在成为精英的路上一路向前，最终也会走入死胡同。

他们年轻时便和朋友、家人以及身边的人相处不甚融
洽。也许表面上和睦相处，但内心并无深交。可以说，他
们心理上并未长大成人。他们失去自我，舍弃自己的个性，
一股脑儿地想靠他人眼里的优越感来克服内心的孤独与无力
感。这样的成长过程会让他们逐渐失去心智，成为一味服从
权威的人。

当然，在权威的父母眼里，这样乖巧顺从的孩子便是好
孩子。其实，这样的人所结交的朋友、熟人都拥有同样扭曲
的价值观。他们聚在一起，可以说"志趣相同"。

弗洛姆说："服从会令孩子感觉更为不安，甚至产生敌
意或反抗心理。这种隐藏在内心的'敌意'，才是一个人人
生的最大障碍。"压抑这种敌意，他们会内心不安，而无意
识又会本能地压抑这种不安。

他们虽与人不交心，却能很好地适应社会。然而，正如
弗洛姆所说，他们被隐形的枷锁紧紧套住，可以说是失去自
由心灵的奴隶，无意识中对自己感到绝望。

这样的人生实为悲剧。一个人之所以一直过着如此悲剧

的人生，是因为他不仅不懂爱，也意识不到自己不懂爱。而实际上，他只要正面面对无意识中的绝望感，便能获救。

然而，所有人都非常害怕面对这种绝望。也正因如此，他们才会将真正的情感封存到无意识中。在外人看来，他们完全是前途光明、成熟自信的年轻人。

还有很多社会人士曾经描绘过理想蓝图，但遭遇了无法承受的挫折，之后便将这些全部压制在无意识中。其实，他们的内心深处依然想做一个完美的人，所以才会执着于塑造优秀的自我形象。他们之所以总是不知足，不能像一般人那样容易满足，其实是严重自卑感的"反动形成"。他们一路走来一直以为倘若自己不完美，便无法得到他人的认可。因此，他们只能通过维持自己的优越来获得内心的安全感。也因此，他们无法与人交心，无法结交真正的挚友。

一个人无法与人交心，其实暗示着他的无意识中存在问题。直面自己的绝望，便意味着心理上的自立。而无法直面绝望的人，从小就在逃离带给自己负面情绪的人；无论对方是男是女，都选择逃避和远离，即便和对方表面上过得去，也只是形式上的朋友，无法与其交心。讽刺一点说，对方名义上是朋友，其实是陌生人，甚至可能是欺负自己、羞辱自己的人。

逃避绝望最严重的后果，其实是无法自立且不自知。而且，这种因无法自立带来的绝望会牢牢地控制一个人的无意识，致使他深陷人生困局，无法摆脱烦恼。

这里所说的"自立"，并非经济层面上的自立，而是心理层面上的自立。经济上自立与否显而易见，因此不会成为无意识中的问题。

一个人之所以总是给自己设定过高的标准，其实是因为他身边重要的人一直用高标准要求他。权威的父母教育出来的孩子便是典型例子。久而久之，孩子的内心便习以为常，并在心理上一直依赖着父母。然而，他对此并不自知，即使长大成人，到了三十而立、四十不惑的年龄，依然习以为常。

这种无法自立的失败感，像挥之不去的阴影，一直存在于一个人的无意识中，且深深地影响着此人。如果一个人的真实性情不太被人接受或认可，他就会觉得别人不喜欢真实的自己。

　　人在踏入社会追求理想时，会有同样的失败感，即在社会上遭遇挫折。这种挫折令人感到失望甚至绝望。出于本能反应，人会为之苦恼不已，也会尽力压抑这种绝望感。换言之，他在一边逃避对自己的绝望，一边继续努力。到最后，身心疲惫。或者他执着地认为自己独一无二，对自己有着神经症式的要求，沉迷于自己虚构的独特性无法自拔，甚至通过侮辱他人来获得自我价值。比如嘲笑别人："那家伙当上了一个小小的董事长便高兴成那样，真是小家子气。"这样的人内心深处只剩下孤独。他的无意识中满是憎恨，处处树敌，甚至有攻击人的冲动。

　　究其根本，是其内心深处的无法自立。一个人不被他人认可，便不会开心。更可悲的是，他到最后都意识不到自己无法自立的事实，不明白为何活着如此痛苦，只是一味地寻找让自己痛苦的表面原因，并且认为这些表面上的原因便是痛苦的根源。但其实不然。

22. 成长需要良好的心理环境

孩子成长需要良好的心理环境。有关不幸的成长环境，卡伦·霍妮曾说过："孩子身边的人太关注他们自己时，就不会特别爱孩子。"的确如此。

倘若身边的人，包括父母都不懂得如何爱孩子，孩子便很难实现自我成长。

举个简单的例子——那些总是说着"为孩子操心的父母"。其实，这并不是真正意义上的为孩子操心，而是一种"伪善式"的为孩子操心。

这样的父母虽然看似一心扑在孩子身上，但其实是为了满足自己作为父母的一种情感或身份需求，比如将孩子的学习成绩当作自己的谈资。在这样的环境下成长，孩子的内心会带有原发性的不安，甚至将生存的能量也用来自我破坏。换言之，为了变成不是自己的自己而消耗能量，自我异化。犹如一只小猫非要披着虎皮生活一样。

在这样的父母的影响下，不只孩子本人，就连他身边的人际关系也会发生扭曲。当然，他自己对此毫无察觉，依然怀抱扭曲的价值观，在异样的环境中成长。例如，对丈夫心怀不满，甚至对夫妻关系绝望的妻子为了消除不满，会将所有感情转移到孩子身上。这样的女性大多对丈夫失望，对生活绝望，无法从他处得到满足，便会过度地干涉孩子的生活。这是一种过度保护，也是一种过度干涉。这便是"伪装着的憎恨"。这样的女性要真正地脱离苦海，获得救赎，就要意识到自己无意识中对丈夫的憎恨。

也有因为沉重的父爱被压得喘不过气的儿子。同样，因为他的父亲无意识中憎恨他的母亲，并且竭力压抑这种憎恨之情，才导致他要承受过多的"父爱"。这种对妻子的憎恨之情会伪装成对孩子的过度的爱。只有意识到自己无意识中对妻子的憎恨，这位父亲才能真正地解脱。

再比如，一位母亲过度热衷于教育和培养孩子也许出于这样的动机。这位母亲为了填补自己失去丈夫后内心的空虚，将全部精力放在孩子的教育问题上。因为对丈夫有依赖心理，所以她经常鼓励孩子"好好努力，长大要像你

父亲一样，做一个了不起的人"。这便是一位好母亲无意
识中隐藏的攻击性。她在自己无意识的支配下，一味地认
为自己在做着非常了不起的事情。

从行为角度来看，她是一位热衷于孩子教育、无可厚
非的好母亲，但从无意识这一心理角度来看，她其实是一
位不会爱孩子的母亲，是一位心理上不能自立的女性。

23. 实现喜欢的人生，而非满足欲望的人生

还有一种环境，于孩子而言根本无法健康成长。那便是
父母利用孩子，将孩子当作解决自己内心矛盾的一种手段。
很难想象，被绝望的父母当作生存手段的孩子该如何健康成
长。而且，外人很难看透这种现象，也很难理解为何有的父
母会为了解决自己内心的矛盾而养育孩子。

从表面上看，孩子确实被父母宠爱，所以他们无法直接
表达自己的厌恶、憎恨等负面情绪。然而，作为一种筹码被

父母利用，孩子就活得极为痛苦。

这样的环境会妨碍孩子的心理成长，影响孩子心智上的成熟，伤害孩子的心灵。如此一来，孩子便无法认清自己真实的情感，甚至连自己喜欢谁、讨厌谁都不知道。

"欲望"和"喜欢"是两回事。因"欲望"而活会变得不幸，因"喜欢"而活便会收获幸福。因"欲望"而活，便会迷失方向，找不到自己的人生目的，想要自立却无法自立，心理上无法自立却不自知。

24. 当负面情绪被他人理解后，会更加勇敢

坦白说，我小时候并没有那种因为父母在身边便感到安心的体验。常听说只要父母在身边，小孩子便能马上安心入睡。可我的记忆里，似乎不存在那种毫无防备、全身心放松的状态。

玩儿累的小孩子一躺在父母身边便能马上入睡，无论是

在灯光明亮的房间里，还是在简陋的沙发上，抑或是坚硬的地板上。如果一个人幼时没有这种全然安心的经历，长大后便容易感到不安。倘若一个人内心不安，即使躺在豪华舒适的大床上，也无法安然入睡。反之，只要内心安然放松，即使躺在冰冷的地板上，亦能酣然入梦。

毫无防备、全身心放松的心理状态对一个人的心理成长尤为重要。因为只有在身心放松、感到惬意舒适的状态下，孩子才能学会与人交流。反之，怀有紧张不安的心情则无法与人交流。

对他人不含敌意，不过度依赖他人，善于表达，便意味着内心是自由开放的。同样，因为内心的自由开放，我们可以调整心态、适当休息，有时间想想自己感兴趣、关心、喜欢的事物，这些欲望和正能量便会被激发出来。这样的过程，便是自然成长。举个简单的例子，比如小孩子的哭闹。小孩子大哭一场，便发泄了自己的负面情绪，内心舒畅之后便会产生某种欲望与热情。所以，小孩子哭闹也是一件好事。

甚至可以说，为年幼的孩子制造这种释放负面情绪的机会和环境，其实是一种很好的育儿方法。例如，孩子对母亲发火大喊："烦死了，你这个老太婆！"虽然听起来刺耳，但孩子发泄之后内心舒畅，不会留下对母亲的憎恨情绪。

当然，如果母亲生气大怒："什么！你竟然敢这么说！"那就另当别论了。其实，这种能把憎恨情绪表达出来的孩子一般不会真的在内心憎恨母亲。反之，经常担惊受怕、不敢表达的孩子会压抑自己的情感，心理上停止成长。

即使是恐高症患者，只要知道下面绝对安全，也能勇敢地跳下去。可以说，只要一个人的内心认定了外界安全，便能勇敢地接受挑战与风险，这便是成长。比如，针对怕水的孩子，可以鼓励他慢慢地进入水里，而不是告诉他："没关系，有救生圈。"这样的话对怕水的孩子来说毫无意义，这是大人的道理。于孩子而言，只有在泳池里玩得开心，才会真正喜欢游泳。

恐惧是一种本能反应。因此，我们要给予孩子充分的尊重，让其自己克服。拿乌龟来说（即使被认为"懦弱"的代表），只要它感受到危险就会钻进龟壳里。因此，当小孩子说害怕，想要防卫和保护自己时，我们要尊重他的这种恐惧。

一个人的恐惧之心被接受后，他才会变得大胆起来。所谓被接受，其实意味着被信任。一个人的害怕、痛苦等负面情绪被他人理解后，他就会变得勇敢起来。

25. 自立就是摆脱支配自己的东西

于我而言，重要的是，我知道自己是在不幸的环境中成长起来的。但说到底，我只是在某个方面略有不幸而已。如前所述，人们很难意识到自己在心理上无法自立这一点，很多人也许至今都全然不知。

有些人完全不知道自己是被什么支配着生活的，虽然隐隐觉得有点不对劲，但依然认为自己是正常的。心理上无法自立，便意味着没有建立起生存的基础。

有个人曾经非常在意别人的眼光，却深信自己不会因此而痛苦，结果高中时便辍学了。他意识到自己一直在欺骗自己，他看清了自己的内心，开始重新生活。因为心理上不自立，所以对自己绝望。如果能切实意识到这一点，就能把生命的能量用于产出，而不是自我破坏。积极向前，稳步前进，逐渐成长。

生活中，很多人的内心被"父母之爱"这种虚假的想法所束缚，无法清楚地意识到自己是在不幸的环境中成长起来的。这样的人一直无法积极地使用自己的能量，也无法做出具体的贡献，只会把"讨厌父母"这种情绪驱赶至自己的无意识中。与之相反，一个人认识到自己成长环境的不幸，意识到自己心理上无法自立后，便可以重新积蓄能量，积极解决生活中出现的各种问题。

另外，不能只是一味地烦恼，而要付诸行动。我们要经常倾听自己无意识中的声音，学会掌控自己的人生，万不可丢失自我。不管是父母孩子，还是配偶，谁都没有权力阻止我们做自己。我们要杜绝与不允许我们做自己的人来往。这是让人生有意义的法则。

有些人之所以一味烦恼却不为之行动，是因为他们无法摆脱自己无意识中的绝望，一直被其支配，终了一生。有的人耗尽一生，也未曾意识到自己在心理上完全无法自立的事实。

最终支配一个人的是无意识中的情感。他在无意识中逃避某种事物，不敢面对，这就是他隐藏的动机。因此，他即使看到了表面的行动，也看不到自己隐藏的动机。而有些人一味想让别人看好自己，是想通过别人的认可来感受自己的价值。这样的人，会在无意识中为自我的无价值感和孤立感而痛苦。这样的人往往会讨厌他人。

只有重视自己，才能重视他人。

只有接受自己，才能接受他人。

不爱自己便无法爱他人。

心理上不自立，亦无法爱他人。

对他人的义务，只有在自己开心生活之余，作为一个快乐载体时才能完成。"所谓"快乐载体"，是指无意识中对自己没有绝望的人。

那么，究竟如何才能摆脱绝望，走向充满希望的人生之路呢？答案便是成为心理上独立的人，成为视野宽广、内心丰富的人。

第八章

为何总是装快乐、装喜欢

● 不爱自己，就无法爱他人

权威的父母往往对孩子抱有过高甚至近乎扭曲的期望，而这种期望会深深植入孩子的内心。于孩子而言，很难摆脱。

他们会想方设法满足父母的期待，竭尽全力成为父母所期待的人，并似乎将此作为活着的动力，只为赢得父母的欢心。更可悲的是，这样的成长环境无形地塑造了孩子的性格，孩子的性格又影响着他的人际交往。最终，他与父母、朋友或者同事，都会处于这样一种扭曲的人际关系之中。

如果有一天他能恍然大悟，开始思考自己成长的环境与邪教团体在本质上有何不同，就迈出了逃离扭曲的人际关系的第一步。孩子之所以视失败为沉重打击，其实是因为父母不希望孩子失败。对孩子来说，成为父母所期待的人伴随着一种很大的压力。

　　纵观成人社会，那些进入大企业后患上抑郁症的人，以及成为精英后自杀身亡的人，大概是因为他们的性格不适合那样的职场环境吧。一个人长期在自己不擅长的领域努力拼搏却全然不知，便会身心疲惫，他们的无意识中一直充满自卑感。也可以说，他们盲目努力，却根本不知道自己在心理上尚未自立，也根本没有意识到自己无意识中的依赖心理。

　　即使再不适应，只要能满足父母以及身边的亲朋好友的期待，他们也会盲目前行。因为满足他人的期待已经成为他们的人生意义和喜悦之源。这便是无意识中的依赖心理的可怕之处。

　　这种现象便是"疑似成长"，他们在梦中会感到害怕。比如，在梦中，不知为何写不出熟悉的地址，去不了经常去的地方。在现实世界，他们不会自我控制，也有自律神经失调症的倾向，最害怕孤独。

　　他们眼中的"人生意义""喜悦之源"，其实让他们的内心陷入焦虑。不知为何，他们总有一种不能一直这样下去的焦虑感。总是不明所以地心怀焦虑的人会承认自己的无意识中存在问题。即使尚未意识到，毋庸置疑，他们的无意识中也会有矛盾。

一路走来，他们或是为了满足父母的期待，或是在与父母的对抗中迷失自我。可以说，这样的人由于无法实现自我价值而自我异化，进而发展成神经症。最终，很多人拼命地努力再努力，却还是遭受挫折，以失败告终。这便是被无意识操控的人生。

人生在世，重要的不是社会成长，而是心理成长。社会性的成长是他人眼中的成长，会满足他人的期待，得到他人的祝贺。而心理上的成长是自身的成长，是自身的收获。

弗洛姆曾说过："俄狄浦斯情结①是神经症的核心。"借用弗洛姆的话来说，他们其实是未能克服俄狄浦斯情结。最重要的是，他们没能解开人生的第一个问题——父母。他们没能脱离父母，一直活在父母的世界而不自知，一味地被

---

① 俄狄浦斯情结：亦译为恋母情结（Oedipus complex）。

无意识牵着鼻子走。他们没有意识到自己无法脱离父母自立，便开始自我异化，逐渐发展成神经症。这整个过程都是无意识的。

所以，他们全然没有意识到自己被自我异化的过程，也没有意识到自己已经被自我异化了的事实。他们丢失了自我而不自知，他们不知道现在的自己已经不是真正的自己。

就像外强中干的人一样，他们虽然较好地适应了社会，但其实很早便陷入了人生困境。他们的内心深处一定焦虑不安，无法体会真正的快乐。他们一定很早便活在他人的期待中，活在不属于自己的世界里，而且对此毫无察觉。因为他们不知道什么是发自内心的快乐，没有体验过真正的快乐。只有感受过真正的快乐，才会明白现在的自己并不快乐。

所有神经症的发展过程中，自我异化都是核心问题。

26. 失去自我的人不会交友

社会上很多成功人士的行为动机都有问题。

1997 年 3 月 6 日，美国 ABC 新闻曾做过一期题为"海洛因"的特别节目。

当时，主播黛安·索耶对一名死于海洛因的少年做了如下描述："他是学校里最受欢迎的少年之一。"关于这名因吸食海洛因过量而死的少年，他的一名女性挚友这样说道："他对所有人都很好。他很特别。"

他八面玲珑，想被所有人喜欢。但他自己并不知道想被谁真正地喜欢，也没有人想被他喜欢。他对人好，是为了让别人喜欢自己，而不是因为自己喜欢对方。

不分青红皂白地结交朋友，其实是一条自毁之路。就像一个没有味觉的人，不分酸甜苦辣，甚至连变质的东西都吃，必然会吃坏肚子。有强烈神经症倾向的人无法选择自己，亦无法选择对方。无法选择的人活着必然痛苦，换言之，神经症倾向较强的人经常因为无法做出取舍而烦恼。

这名少年在人际关系中迷失自我，后染上毒瘾。通过其女性挚友的描述，我们得知他对所有人都很好。其实，他的这一性格也是酿造这场悲剧的主要原因。不错，他的"善心"便是问题所在。

我们不妨思考一下，他的广善行为到底意味着什么？

从社会角度来看，他可能是个优秀的少年。但从心理角度来看，他是失败的。

其实，这名少年活着只是为了得到他人的称赞。他不会表扬他人，也无法与人交心。比如有人说一个开罐器好厉害，他便想要一个开罐器；有人说一把刀很厉害，他便想要一把刀。

这样的人便是典型的有强烈神经症倾向的人，他们根本不知道自己想要什么。

比如，他们会羡慕别人做饭时有一把好刀，但当自己也有一把好刀时，倘若得不到他人的称赞，他们便会觉得空虚。

在美国，自杀的青少年中，只有 11% 是因为学业问题。很多学生压抑着自己的内心，拼命努力成为模范生。但其实，他们的内心充满了不安。他们一次又一次成功当选模范生，内心却越发地焦虑不安。这种不明所以的焦虑感长期压抑着他们的内心。就像一个人的内心明明想拒绝，嘴上却答应了一样，因为他们害怕自己拒绝后会被人讨厌。人都会伪装或包装自己，因为有时我们觉得包装后的自己更容易被他人接受。

西伯里曾说："如果我是我自己，便没有什么好怕的。如果我害怕，那就不是我自己了。"

再分析这名死于海洛因的少年，他对所有人都很好。但是，他没有活出自我，所以他总是在害怕。失去自我的人，会不分对象地寻求所有人的爱。他们追求爱，假装喜欢，假装讨厌，假装满足。

27. 脚踏实地的人内心强大

众所周知，伪装解决不了任何问题。不如放弃伪装，做真实的自己。然而，对于无意识中有"内在障碍"的人来说，这绝非易事。倘若他们能意识到自己的无意识中有着严重的问题，便能知道伪装无法解决问题，随之放弃伪装，做回真实的自己。

找到自我，做真实的自己时，人会有安全感。这时，一个人会丢掉所有的防备心与警戒心，收获轻松与惬意。做自己时，人的内心是可以交流的。有想做的事，且没有压力。

因海洛因而死的少年越是压抑自己的欲望，越是在无意识中积蓄太多的绝望和憎恨情绪。

脚踏实地的人内心强大，而总是勉强自己的人内心脆弱。他们只是出于必须与同伴友好相处的规范性压力，或者为了逃避一个人独处的寂寞，才与人友好相处，并没有体验到真实的情感。可以说，他们的人际交往都不是出于自发性的情感。

即使他们在无意识中知道自己不被大家重视，也会因为害怕孤独而寻求伙伴，极力压抑自己内心因不被重视而不悦的情绪。不想友好地交往时也做出友好的样子，或者被必须与好友和睦相处的规范所束缚，把所有不喜欢的负面情绪都压抑在无意识中，无法释放自己的真实情感。

有时我们会讨厌自己的朋友，但是又觉得既然是朋友便不能讨厌对方。正是出于这种不能讨厌朋友的规范意识，有人会迷失方向。其实，我们只需听从自己的内心就会轻松很多。"朋友"只是一个称谓，大多也只是萍水之交。

出于各种顾虑，有些人的心灵像是戴上了枷锁。自己内心真正的情感不是神经症情绪，而是自己内心最原始的情感。然而，我们很难有意识地打开自己的心灵之窗，真正体验这样的快乐。要想体验这种感觉，就必须改变现状，换一种环境，接触与以往不同的人。

第九章

人生到处有转机

● 判断一个人的真实意图，不是听他说了什么，而是思考他为何说

人生到处都有转机。即使有时陷入了困境，只要意识到自己无意识中的绝望，便能扭转人生，开拓出新的道路。然而，总有些人无法与人开心相处、友好沟通，一心为别人付出却被人讨厌，因此而愤怒或伤心。

究竟为何会有这些让自己痛苦的负面情绪，它们背后的本质究竟是什么？

我们不要看一个人说了什么，或者意识到了什么，而是要看他的内心深处，看他当下隐藏起来的真正情感。

有的人不仅没有表达出自己真正想要表达的，甚至都没有意识到什么是真正重要的事情。所以我们在判断一个人的真正意图时，不是听他说了什么，而是要思考他为何说此事。

亚伦·贝克[①]在《抑郁症》（*Depression*）中写道："临床上，有些人从任何意义上看都不是抑郁症，却使用抑郁症这个词。"患者说自己得了抑郁症时，做检查的人应该思考患者的言外之意。比如让他们积极思考。如果他们确实有积极思考，也勉强露出笑容，但依然可以看出他们是在苦笑。这便是抑郁症患者的笑容。

问题不在于笑容，而是隐藏在笑容背后的东西，我们要思考其本质和根源。

有些人可以恰到好处地周旋于各种场合，虽然满脸笑容，内心却无比痛苦，甚至想要寻短见。也有人因为害怕面对无意识中的绝望和恐惧而勉强微笑，甚至有时连憎恨之情也会伪装成做作的开朗。因此，我们要有敏锐的洞察力，弄清关键，即这假惺惺的开朗背后到底隐藏着什么。

当身边的人伤害自己时，我们不能表露出自己的愤怒情

---

① 亚伦·贝克（Aaron Temkin Beck, 1921—2021），美国精神病医生，宾夕法尼亚大学精神病学名誉教授。被心理学界认为是认知疗法（CT）和认知行为疗法（CBT）之父。

绪，还要笑脸相迎，把憎恨之情压抑在心底。这种状态不能长期维持下去，不久便会让人莫名地陷入悲伤。这种长期压抑在无意识中的绝望，才是一个人真正的情感。而他的意识层面从来没有过真正的情感。无论是对别人，还是对自己。久而久之，人生便陷入了困境。

倘若一个人能意识到自己无意识中自出生以来长期困扰着自己的绝望，便能摆脱自我异化。这时，就是一个人真正的"诞生日"。

绝望，是对自己无法改变自己人生的绝望，是对自己不被需要的绝望。绝望感，才是自己最初的真实情感。以前以为喜欢的事，其实并不是真的喜欢，所以才总会不明所以地觉得哪里不对劲。

喜怒哀乐，所有的情绪都是身边人对自己的期待，而不是自己真实的感受。而我们只是一味地看他人脸色行事，随声附和，表露出他人所期待的情感，或者是为了不被他人讨厌，或者是因为害怕他人批评等产生的被动情感。所有这些情感，都不是一个人内心的真正情感。

　　更为可悲的是，这样的人一直都不了解真正的自己，并且害怕了解真正的自己，甚至故意不想了解真正的自己。这种丢失自我的现象不见得会体现在社会层面的某件大事上，即便是日常生活中的小事，他们也会丢失自我。

28. 大胆地表达自己的真实想法

我们不必顾虑太多，大胆地表达自己的真实想法本不是一件难事，可总有些人习惯附和或者迎合别人，无法表达自己内心的真正想法。

比如，一个人原本买了三明治想吃。可别人一问他"你不吃饭团吗"，他便吃了饭团。别人再问他"好吃吧"，他便说"好吃"。这样的行为是一种妥协行为，看上去是顺从他人，但并不是发自内心地认可，只是不敢表达自己的真实想法而已。

其实，他每次妥协与顺从的时候，内心深处都会积累怒气。久而久之，他的内心已经积累了太多怒气和怨气，这种负面情绪会在某个时刻突然爆发。他不知道自己为了讨别人喜欢，在无意识中承受了太多委屈，压抑了太多情绪，也没有意识到要为此付出多高的代价。

倘若能意识到自己内心被压抑的情绪，便可以逐渐减少无端的郁闷或愤怒。这是调整和改变自己状态的第一步。

一个人长期压抑自己的情绪，甚至从小便是如此。比如不开心却故作开心，这种无形的压力会让生活更为沉重。"疑似成长"，便是失去自我，活成别人所期待的样子。这样的人无意识中并不快乐，他们自己却不自知。

与其说他们特别在意别人的评价，不如说他们活在别人的评价中，彻底丢掉了自我。也可以说他们只会服从别人，依赖别人。失去了自我，就会像得了抑郁症一样，失去活下去的能量。

一个人自我异化后，便意识不到自己的内心有多么痛苦。比如，性格内敛、容易害羞的人会封闭自我，总是笑脸迎人，一味顺从对方。他们从不表达自己的内心，也不会表达。

而性格开朗、适应力较强的人，会在了解对方和自己的状况后，努力克服困难。他们遇事会与人谈判，谈判则是为了成就自我。

29. 从现在开始自我疗愈

我反复强调大卫·西伯里所说的，人类唯一的义务就是做自己，此外没有其他任何义务，只是自以为有而已。其实，别人如何看自己无关紧要，重要的是自己要了解自己，要知道自己活着想做什么。无法做自己的人，很难有真实的爱和心意。

无法做自己的人，会出于虚无感干涉他人，并借此激活自己的人生；还会出于无力感操控他人，以爱的名义虐待他人，成为所谓的施虐者。更为可怕的是，他们本人意识不到自己是施虐者，即使意识到了也不承认。

无意识中有绝望感的人的意识和无意识往往处于分离状态。有些无意识中抱有绝望感的人也可以很好地适应社会，成为优秀、成功的社会人士，看不出有何异样。

然而，这些优秀的社会人士已然发生自我异化，虽然表面上看似平静，精神饱满，但内心焦躁不安，情绪不稳，易怒易忧。这便是表里不一，外在风光无限，内在破烂不堪。

他们在家里对待家人冷酷无情，在工作单位却热情似火，完全像两个人。

他们虽然很好地适应了社会，工作上表现出色，但并不了解真正的自己，也抓不住实实在在的东西。他们对于自己不了解自己这件事全然不知，内心就像无根之草一样，空虚柔弱。

其实，他们对自己的人生充满迷茫。虽然适应了社会，却迷失了人生方向，甚至无路可走，束手无策。他们在无意识中对自己绝望，经常焦虑不安，不知所措。所以他们才会一味顺从，逃避现实。他们虽然不知道自己承受着怎样的压力，但确实在无形中承受着很大的压力。生活中，承受着无形的压力，却不知如何应对，只是一味地随波逐流，过着毫无意义的生活。

如前所述，内心焦虑的根源其实是无意识中的绝望，是无意识中互相矛盾的情感。通俗来讲，绝望源自受伤的心灵。当然，当事人并没有意识到自己的心灵受到了伤害。

生活中，有种种现象意味着一个人的心灵受到了伤害。

比如无端的焦虑，不明的迷茫，经常对亲近的人发火，等等。一个人的心灵受伤后，要马上学会疗伤之法，尽快让伤口愈合，不然便会焦躁不安。

话虽如此，治愈内心的伤痛谈何容易，真的是说起来容易做起来难，就像走入了迷宫一样，越着急越找不到出口。有时以为找到了出口，朝着目标勇往直前，却发现那里并不是出口。改变方向再次出发后，还会遇到同样的问题。

尽管如此，还是要不断寻找，车到山前必有路，船到桥头自然直。只要坚持，定然能找到出口。第一步，便是感受真实的自己，感受对人生迷茫的自己，内心大胆地承认："对，这就是真正的我！"认识真正的自己后，很多事情便会豁然开朗，人生也会开拓出新的道路。

虽然可能一时无法理清自己具体在承受着怎样的压力，害怕着什么，但是意识到自己的真实状态，人生就会大为不同。然而，问题就在于有些人意识不到自己的迷茫。

神经症倾向较强的人一心以为超越别人是解决自己内心矛盾的唯一途径。其实，这完全是一种错觉，甚至可以说是一种妄想。因为不管他多么努力，都会有不明所以的苦恼，甚至越努力越痛苦。无论他怎么努力，都改变不了痛苦的现状，内心无法得到解脱。即使将自己的负面情绪转移给他人，也无法拯救自己的内心，改变自己的人生。

倘若无法正视自己的内心，找到痛苦的根源，即使找到了缓解痛苦的方法，其也会如同海市蜃楼一般，终成泡影，内心变得更加恐惧不安。这是他无意识中的真正情感。正因为这样的情感隐藏于无意识中，一个人在现实生活中、工作时就体会不到。

这便是问题所在。一是他本人意识不到自己内心深处的恐惧心理，二是即使偶尔意识到，也不承认。于他而言，他更能在现实生活中看到工作出色的自己、带着社会光环的自己。因此，当自己受到外界威胁时，他不会妥善应对。

他无视自己的真实能力、体力和资质，一味追求虚无缥缈的荣誉，结果以失败告终。更为可怕的是，他不承认挫折与失败。这种内心的"不承认"，才是问题的核心所在。

30. 认识到正念的强大力量并践行它

承认失败，便能意识到自己被以往扭曲的价值观所困，也就不再执着于表面的虚荣，会将能量用于实现自我。这便是罗洛·梅所说的"意识领域的扩大"。发现原本的自己，扩大意识领域，然后开拓人生。这便是自我改变。

倘若一个人执着于扭曲的价值观，便会对自己的人生感到无能为力。可即便已经无能为力，他依然会执着地追求表面的虚荣。当然，追求虚荣的过程并不会一帆风顺。失败时他便只能自我防备，把原因归结于"自己倒霉""别人不好""要是没我就好了"等等。

当一个人深感无能为力时，其实是内心在传达着一个信号，呼唤自己摆脱现状，摆脱束缚自己的病态的、扭曲的价值观。

身处苦难之中，可以获得像罗洛·梅所说的"意识领域的扩大"，也可以获得卡伦·霍妮所说的"精神上的自由和力量"。所谓意识领域的扩大，便是视野的拓宽。当你的意识领域扩大、视野拓宽后，你会发现以往一直视为珍宝的东西并不那么可贵，因为你意识到了它只是芸芸众生中的普通一员，世上还有更多珍贵之物。这与自我意识息息相关，也是美国哈佛大学的埃伦·兰格①教授所说的"正念"。简而言之就是认识自己。

　　自我意识与否认现实相反。拥有烦恼的人往往执着于自己不擅长的事情，误以为那里有价值，被扭曲的价值观所束缚。有自我意识的人身心轻松，没有负担和压力，因为他们认识的自己便是真实的自己。

　　一个人的无意识中之所以有绝望感，其实是源于他扭曲的执念。认识自己、承认现实中的自己最为痛苦，但也是成长的必经之路。当然，人会压抑痛苦，压抑自己。迫于现实中的痛苦，人们会将这种痛苦从意识中驱赶到无意识中。

　　但是，无论多么痛苦，只要能承认真实的自己，终能战

---

　　① 埃伦·兰格（Ellen Langer, 1947— ）被称作正念之母，是美国哈佛大学有史以来第一位获得心理学终身教职的女性。著有《生命的另一种可能》《逆转年龄的抗老方法》和《专念学习力》等。

胜内心的自卑。

因为认识自己后便能对他人投入感情，与人交心。反之，有严重自卑心理的人大多会成为利己主义者，不会在人际关系中丰富和拓展人生。即使拼命努力，也得不到回报。不会与人交心，便不会有刻骨铭心的回忆。

有一种病叫作"学生冷漠症"。患有这种病的学生常感到空虚，他们毕业后会忘记上学期间做过的事情，甚至连朋友都不记得。可以说，他们的人生没有实实在在的积累。而因为喜欢山而加入登山部的学生，会记得自己攀登过的每一座山，记得每次集训的事情，并结交一生的挚友。这样的学生上学期间便实实在在地积累了人生。这样的生活方式会伴随他们一生，直到步入老年。

第十章

保持正念的生活方式

● 拓宽视角是一切的突破口

人们会因为恐惧而一味地逃避自己的真实情感，也可以说是执着于自我异化的人生。他们不想，甚至抵触意识到自己过着空虚的人生。

一个人内心真正感受到的东西，和他用语言表达出来的东西并不完全相同，甚至想法和感受也不尽相同。这便是卡伦·霍妮所说的"无意识中的策略"。神经症倾向较强的人会想方设法逃避自己的真实情感，只要他们这个策略成功，人生就会陷入死胡同。

所谓"顿悟"，就是认识到新的价值，即拓宽视野。意识到自己以往的价值观都是自己狭隘世界里自以为是的价值观，便能实现罗洛·梅所说的"意识领域的扩大"。比如，当你被伤心、忧郁等负面情绪所困扰，不妨思考"为什么我这么痛苦""为什么我这么伤心"等问题，以扩大意识领域。

"顿悟"或者说"觉醒"，不是退出人生的战场，而是一种积极活跃的精神活动。

除"意识领域的扩大"外，埃伦·兰格教授所说的"正念"这一概念也尤为重要，即从多个角度看待事物。多想想为什么可以提高多维度思考问题的能力，帮助人们摆脱执念，挣脱固有观念的束缚。

我年轻时总是想过度展示自己的能力，比如我有十分能耐，却想让别人以为我有二十分能耐。不久，我便感觉到这样的生活方式让自己心力交瘁。历经岁月磨砺后，我才恍然觉悟：那时的我自以为有十分能耐，在自己的世界里，一厢情愿地以为拥有二十分能耐才能得到他人的认可。可以说，我自始至终都活在自己的世界里，没有关注身边的世界。当我开始看清身边的世界时，就能得到大家的认可了。

31. 内心强大的人永远不会反应过度

　　自恋的人不会从多角度思考问题，不会从多方面认识事物，不知道自己的优点和缺点，一旦受到批评就会勃然大怒，时而得意，时而失落，内心的情绪波动很大。

　　学会从多个角度思考问题后，受到他人指责时便不会轻易生气，也不会极度消沉。同时，也可以更好地了解他人的长处和短处。当我们知道每个人都有优缺点，自己不可能在所有方面都比他人优秀时，便不会轻易感到得意或失落。此外，还能认识到自己以往追求的东西并不是唯一，世间还有很多东西值得追求和探索。

　　拒绝面对真实的自己、发生"自我异化"的人，以及自恋的人，都没能拓宽自己的视野，也没能扩大自己的意识领域。用埃伦·兰格教授的话来说，他们没有正念，视野狭隘，只会从一个角度思考问题。与此相反，即使在逆境中也能拓宽视角、从多角度思考问题的人，都是心理健康的人。

　　那么，为什么有些人总是固执己见，无法用新态度新视野看待事物呢？为什么不能扩大自己的意识领域呢？

　　究其原因在于"依赖心"，无意识中还有憎恨情绪。因为对身边的世界心怀憎恨，所以看待周边时的第一感觉是重新审视，甚至怀着复仇之心。

　　于神经症倾向较强的人而言，转变看法，用新视野看待事物，便意味着无法复仇。

　　如前所述，神经症倾向较强的人即使遇到困难也无法改变目的。也许旁人会劝他："如果知道自己不适合这个工作，换个其他工作就好。"然而，他本人并没有这么灵活，也不想尝试新的工作，只是一味地想抓住现有的东西，不想改变方向，另辟蹊径。总之，他总想沉浸在自己现有的世界中。持有这种心态的人不懂得变通，无法应对变化。

　　乔治·温伯格曾说："灵活性的最大挑战便是压抑。"不懂得变通，缺少灵活性，便失去了生存的一种技能。

32. 无意识剥夺了内心的柔软

为何有些人固执到无法改变自己的看法呢？明明稍微转变一下思维即可，为什么做不到呢？

其实，他的内在障碍是无意识中的纠葛。只要稍微花点心思，便无须忧心忡忡地生活下去。但正是无意识中的内在障碍作祟，才让人无法灵活处事。倘若无意识剥夺了一个人内心的柔软，那么无论他在意识上多么努力变得柔软，都无法真正做到。

如前所述，弗洛伊德曾悲观地说道："人总是想受苦。"想必很多人都觉得这是一种愚蠢至极、自讨苦吃的行为。确实如此，但也确实有很多人在自讨苦吃。其实，他们只要稍微改变一下看法，就能不再受苦。

一个人之所以总觉得痛苦，之所以顽固不化，都是因为无意识中隐藏的愤怒在作祟。只要稍微积极一点，主动转变一下自己的思维，很多事便能迎刃而解，人生也不会陷入僵局。而一个人之所以拒绝改变，正是因为无意识中的"退行欲求"。

　　"人总是想受苦"，体现在日常生活的方方面面。比如，每天并无大事发生，却在不由自主地叹息。对此，我建议大家在发牢骚之前，在怨恨别人之前，先直面自己的无意识。直面自己的无意识，便会试图改变自己的生活方式。

33. 自我价值不在于被他人认可

　　我在前面说过，拓宽视野可以帮助我们打开幸运之门。反之，视野狭隘的人会将自己封闭起来，无法收获幸福。可以说，一个人能否收获幸福，关键在于他的视野是否宽广。往深处说，就是依赖性和独立性。

　　不依赖他人，拥有独立人格的人都有自己的思维标准，不靠他人认定的标准来衡量自己的价值，他们拥有自己独特的世界，这便是自立、独立。

　　我们必须正确理解"完成一件事后的成就感"和"得到他人认可后的满足感"这两者的区别。

为"完成一件事后的成就感"而活的人往往视野宽广，能站在理想的角度思考问题，开心生活，也能勇于面对逆境，坚强乐观。而为"得到他人认可后的满足感"而活的人往往无法转变视角和模式，他们没有正念，而是无念。这样的人认定自己不漂亮就会被讨厌，没有在大企业工作就会被看不起。为"完成一件事后的成就感"而活的人懂得如何让自己的内心获得真正的快乐与幸福，比起寄人篱下住在豪华房子里，他们更喜欢住在自己的简易小屋。

34. 一位精英商人重新找回人生的故事

一位精英商人曾因极度自卑而苦恼不已。他虽不是那种顶尖精英，但也算得上精英人士。然而，他常把自己与业界的顶尖精英朋友做比较，因此产生强烈的自卑感。

他的父亲很强势，所以他从小便被权威的父亲寄予了不切实际的厚望。他一直非常努力，各方面都很优秀，小时候是公认的好学生，长大后拼尽全力地工作，成为社会人士眼中的商业精英。

然而，他总是自我怀疑，偶尔还会有神经症的症状。身体上也总感觉不适，并且长期失眠。其实，父亲对他的影响颇深，之前的他会因为父亲的不认可而自卑。可是某一天，我突然看到他精神抖擞，神采飞扬，完全像变了一个人一样，据说他也不再失眠了。是什么让他变化如此之大呢？

之后，我得知他听从了别人的建议，在别人的帮助下学会了转变思维，学会了换一种角度重新看待自己的人生。

此前，他一心想做一名成功的社会人士，将人生价值定义为社会上的成功，认为自己的一生就是追求成功的过程。如此一来，他不由自主地将自己的人生与那些顶尖的精英人士相比，结果发现自己既非名牌大学毕业，又非知名企业出身，就连公司派遣出国的留学学校也不是世界名牌大学。他的简历没有任何亮点，极为普通。

父母也经常拿他与顶尖精英对比，迫使他拼命努力。久而久之，他的内心极度自卑，并因此总感觉身体不适，烦恼不已。

然而，当他一改以往对人生的看法，不再把自己的人生看作是追求成功的过程，而是看作"脱离父母，学会独立"，他便豁然开朗，人生随之发生很大转变。

如果从"脱离父母，学会独立"的角度来看，他觉得自己做得很好。他发自内心地觉得，自己其实一直在与父母苦苦对抗，其他都只是表象而已，自己却因这些表象影响心情，时喜时忧。

他意识到自己之所以把人生看作是追求成功的过程，是因为把父母对自己的期待看成了自己要做的事。他意识到了自己没有作为一个个体完全独立，意识到了自己的依赖性。

他从小就在父母的逼迫下承受着巨大的压力。长期压抑在内心的压力致使他高考失利，没能考上理想的大学，那时的他甚至想过自杀。后来，他意识到自己每天都在与压力抗衡，意识到自己的生活方式与心理健康的人完全不同。

他意识到，自己错把人生价值看作了成为强势父亲眼中的成功者。他太在乎父亲的眼光，一心想成为父亲眼中的成功者，害怕让父亲失望，害怕失败。他会因为小小的挫败而绝望，失败的阴影一直在他的脑海中挥之不去。

物以类聚，人以群分。除父母外，他身边的朋友几乎都被这种扭曲的价值观所束缚。可以说，他自小便一直生活在这样的环境中。幸运的是，后来他改变了对人生的看法。他明白了自己一直在和父亲较劲。

这些找我咨询的人也教会了我很多事情。当我们把人生看作是为了实现自我时，对自己和他人的看法便都会发生改变。我们无须和他人比较，更无须因此而自卑。

只要转变一下思维，改变一下看法，便能收获新的人生。

这位精英商人从此不再自卑，并将以前的痛苦转化为积极的正能量，投入到新的生活与工作中。身体也得以康复，长期的偏头痛症状也得以治愈。

他意识到以前的自己不会正确使用自身的能量，而心理健康的商务人士都能很好地发挥自身能量，把好钢用在刀刃上。他还发现有些顶尖精英内心同样自卑，与以前的自己看待人生一样。这样的人不管事业上多么成功，都会遭遇心理障碍，比如患上抑郁症等。

迷失自我不仅会加重一个人内心的绝望，更为可怕的是，会使他的努力付诸东流。幸运的是，他意识到了自己曾错把人生看作"追求成功的过程"，其实就是迷失了自我。他改变了对人生的看法，从新的视角看待人生后，发现自己无须和他人比较，自己的人生是专属于自己的。进而，在无意识领域中也拓宽了视野，发现了新的世界。

很多人都会说"不要和别人比较，别人是别人，自己是自己"，内心深处也确实想这么做。然而，现实生活中依然做不到。

其实，只要换一个视角重新思考人生，便能实现这一目的，就像换一个角度能够看到以往看不到的东西一样，换一种思维方式，便能收获不一样的人生。比如，接触与以往自己身边的人的性格不同的人，遇到温柔的人就打开心扉与其交流。一个人开始体验新事物后，便能逐渐理解何为心灵的牵绊，明白每个人都有属于自己的个性和人生。

自此，世界仿佛焕然一新，与以往截然不同。这时，便意味着一个人开始了新的人生旅程，从绝望奔向希望。

他会发现自己人生新的方向，并且朝着目标勇往直前，开

拓新的境界。

第十一章

人生如逆旅，苦难是必经路

● 每个人都会受伤，但不是所有人都能很好地处理伤口

　　奥地利精神科医生维克多·弗兰克尔[1]将眼里只有成功和失败的人称为"劳动者"。将内心徘徊于满足和绝望之间的人称为"苦恼者"。

　　弗兰克尔认为，在某方面，苦恼者会比劳动者更占优势。他们遇到挫折时也能充实自我。比如，谁都不想失恋，失恋于任何人而言都是伤痛之事。然而，经历失恋之痛后能够努力充实自我的人，其内心实则是收获了恋爱之果。能够结出恋爱之果、收获幸福的人，其内心深处是不会对自己绝望的。

----

　　① 维克多·弗兰克尔（Viktor Emil Frankl, 1905—1997），奥地利维也纳第三心理治疗学派——意义治疗与存在主义分析（Existential Psychoanalysis）的创办人。

他们不会只用成功与否来评价自己和他人，他们会认真思考人生的真正意义和价值。可以说，一个人经历的苦恼越多，他的人生便越有价值和意义。然而，眼里只有成功与失败的人很难理解这种说法，弗兰克尔说他们甚至会觉得这种说法太过愚蠢。其实他们错了，正因为他们无法理解这种说法，才一直无法收获真正的幸福。

每个人都会受伤，但不是所有人都能很好地处理伤口。有不少人不会处理伤口，选择了错误的生活方式，结果反而更容易受伤。因为受伤而害怕受伤，所以他们会本能地加强防备心，以避免自己再次受伤。然而，他们的防备心越强，越容易受伤。久而久之，他们便将自己包裹起来，紧锁心灵之门，无法向他人敞开心扉。

其实，要想明白人生的真谛，让自己的人生发挥最大价值，收获真正的幸福，就必须先经历并且学会忍耐一些痛苦，比如失恋、失业等等。痛苦没什么大不了，苦难亦是一个人成长的必经之路，没有谁会因为失业而一直抱怨公司，或是因为失恋总想着报复对方。

35. 打开格局和视野

视野的重要性不言而喻。拓宽视野，你会收获新的认知。比如，发现自己一直又敬又怕的人，其实是一个软弱甚至无法自立、只能依靠外界力量生存的人。

当然，你也会发现有很多人虽然并非社会上的成功人士，但其实生活非常幸福。

为什么有些人明明可以轻松自在地享受生活，却害怕别人看到自己的缺点，进而想方设法隐藏自己的缺点呢？我们不妨思考以下问题：

明明都是人类，别人与自己有何不同？

别人抱有怎样的心态生活着？

别人可以轻易舍弃，而自己却紧抓不放的到底是什么？

每个人看重的东西都不同，有哪些不同？

为何别人的内心依然一片生机，而自己的内心却早已枯竭干涸？

自己一直看不起的人身上，难道真的没有令人敬重之

处吗？

难道不是因为自己以往那扭曲的价值观作祟，才会看不

起他们吗？

人生如逆旅，难道要穷途末路时，才意识到自己一直都

走错了方向吗？

每个人都有信仰，别人所相信的与自己所相信的有何

不同？

自己到底为何焦虑不安？

学会认真思考这些问题，我们的精神便能得到救赎，重

新开启人生之路。

36. 不再被自己的情感操控

无意识中的绝望感会阻碍一个人的心理成长，所以有些

人进入中老年时期，依然会迷失人生的方向。这便是卡伦·霍

妮所说的"内在障碍"。无意识中常年积累的内在障碍会操控一个人的心理，致使他出现"自我执着"的心理状态。

与"自我执着"相反，有一种心理状态叫作"自我遗忘"。在这种心理状态下，人会意识到自己的真实情感，真正地解放自我。这便是自我实现。

俗话说：说者无心，听者有意。自我执着的人会因为他人的无心之言而受伤，会烦躁不安、勃然大怒，会闷闷不乐、郁郁寡欢。即使告诉自己不必在意，依然无法将这些情绪彻底从心中抹去。

自我执着的人无法忘记失败，他们会为此悔恨不已，深陷遗憾情绪中，久久不能自拔……虽说木已成舟，但他们却无法摆脱这种情绪，被其操控着。比如，他们勤奋努力，却被人误会懒惰不堪，便会伤心。如果别人的反应不符合他们的预期，他们便会觉得无聊。可以说，他们的心情完全受别人的反应所控，别人的反应对他们至关重要。这样的人往往非常执着于自我。

即使他们想放弃，但由于内心被这种负面情绪操控，总是身不由己，无可奈何。即使想要为实现自我付诸行动，也总是无疾而终。那么，隐藏在这种负面情绪背后的本质究竟是什么呢？

下定决心寻其根源，承认自己在意它，无论自己那虚伪的自尊心多么受伤，无论内心多么惊讶，都要勇敢面对，勇敢承认。如此一来，便能开拓更为广阔的人生。

只要用心了解真正的自己，问题就会迎刃而解，自然逐渐可以随心生活。

关键是能否做到这一点。这其实是人生的一道难题。倘若一个人拒绝面对自己的内心，拒绝了解真正的自己，执着于保护自己那神经质式的自尊心，他的人生将会一成不变。

这一心理问题得不到解决，便只能被他人的意识所左右。问题在于，一个人顽固不化的背后究竟隐藏着什么。是什么导致他如此执着地坚守以自我为中心的价值观呢？

坚持自我的人往往不想解决自己内心的矛盾。他们为何无缘无故地闷闷不乐？为何察觉不到导致这种心理状况的根源？其实，他一定有难言之隐，不想让任何人包括自己知道

真正的原因。然而，要想解决根本问题，我们必须思考："究
竟是什么让自己如此烦恼？""自己为何如此焦虑不安？"

　　吐露心声，本就不是一件易事。一个人很难向他人倾诉
自己内心深处的烦恼。所有人的无意识中都有一些与生俱来
的无法解决的心理问题。在现实中，又要将其伪装起来，戴
着面具生活。

　　其实，只要坦率地面对自己内心深处的问题，就能认识
真正的自己，就能真真切切地了解自己，就能身心轻松地享
受生活。不了解自己，就不会有真正的生活。

　　就像只有知道自己是老鹰还是鼹鼠，才能知道自己要翱
翔于天际，还是要潜身于泥土中一样。当然，了解自己并不
是目的，只是一种释放自我成长能量的方法。

37. 承认过去、接受当下、期待未来

任何人都有能力，问题在于能否发挥出来。一个人要发挥能力，必须了解自己。就像猫知道自己是猫才去爬树，鼹鼠知道自己是鼹鼠，才不会试图飞向天空。意识到无意识中的东西，就是了解自己。拒绝了解自己的人，永远得不到救赎。

努力了解自己很重要。猴子知道自己是猴子，就不会去游泳，也不会因不会游泳而自卑。鱼知道自己是鱼，就不会去爬树，也不会因不会爬树而感到遗憾；它不会拿自己和会爬树的猴子比较，不会因不会爬树而感到惋惜，因为它们各自的命运不同，惋惜对它来说只是浪费时间。

西伯里说："接受命运，接受不幸，便能知道自己要做什么。"接受过去，接受命运，接受现在的自己。然而，嘴上说着自己接受，却不付出任何努力的人，并不是接受了自己，只是单纯地不负责任。接受自己，是指不管自己怎样，都要相信自己的价值，并且努力提升自己的素质和能力。不是努力获得名誉和权力，而是要改变自己迄今为止努力的方

向，将生活重心放到提升个人素质和能力上。接受自己，就会更有精神，更有干劲，更有同理心。

只有明白自己内心的真正所想、所欲、所求，才能实现自我认同；知道自己擅长什么、不擅长什么，才会逐渐具备解决人生各种问题的能力。所谓有舍有得，人生漫漫，我们既要懂得放弃，也要懂得接受。不是鸟儿却妄想着翱翔于天际，是因为不知道自己真正想做什么，因为很久没有用心倾听自己的内心世界。

一个人"以为的自己"和他"真实的自己"之间存在较大差异。比如，一个人在意识层面信心满满，胸有成竹，而无意识中却毫无信心可言，甚至恨不得瘫软到地上向人求救。

一个人在外塑造的形象可能与真实的他大为不同。就像在化装舞会上，戴着面具的人们都把真实的自己隐藏在面具背后，男扮女装的人掩饰了自己真实的性别。然而，陷入人生窘境的人往往忘记了这一点，忘记了自己原本的样子。

人生遇到瓶颈时，只要反思自己有什么问题，及时调整，便能走出困境。自以为是的正义感，可能正是导致一个人无法和身边的人友好相处的罪魁祸首。

　　"EQ 比 IQ 更重要"的观点曾经十分流行。EQ 重要，关键就在于情感上的自我认识。有些人自己不会做事，还理直气壮地要求别人去做，这种人并不是真正接受了自己的无能，只是单纯的自私。

　　真正接受自己的人，无论自己是什么样，都会为自己欢喜。

第十二章

人生不争辩，淡定做自己

● 你所见即是我，好与坏我都不反驳

孩子焦虑一定有其焦虑的原因，比如迫于外界的压力，被大人催促着"快点做这个，赶紧做那个"等等。倘若不能完成大人所期待的事情，他便会焦虑不安；大人也会责备他连这都做不好，于是他倍感压力。

即使长大成为一名成功的社会人士，他有时内心也会像小时候一样焦虑不安。其实，这种焦虑已经不再是源于外部的压力，而是因为自己的内心已经在无形中被父母操控了。他只是害怕面对真实的自己，害怕认识真实的自己，因此而焦虑。

说来奇怪，有些孩子长大后的人际关系变了，内心的感受却没有丝毫变化，依然和小时候一样焦虑。可以说，身在当下，心却在过去。要想彻底解决这个问题，必须先意识到自己现在的压力皆源于"内在压力"。

埃伦·兰格教授说过："如果意识不到同样的刺激在不同的情境中会引起不同的情感，我们就会被自己创造的一系列情感所困，成为牺牲品。"换言之，我们深陷某种负面情绪时，总以为自己束手无策，而不知换一种情境来感知情绪。

埃伦·兰格教授还说过："情感的存在源于束缚。"我们必须重新整理和审视自己自小便有的尚未解决的心理问题。如果一个人在儿时没能与身边重要的人处好关系，长大后也会在人际关系上出现问题，这便是无形中的转移。

也就是说，成年的我们之所以遇到各种人际问题，都是因为幼儿时期没能与身边重要的人处好关系，幼儿时期的人际问题依然束缚着现在的我们。总之，摆脱这种幼儿时的心理束缚，至关重要。

从小连父母都不相信的人，长大后便很难相信别人。即使想做，也做不到。于他们而言，最大的心理问题是：没有学会相信别人。而解决这个问题的方法只能是找到一个值得信任的人。

38. 不要把自己的人生托付给别人

不把人生托付给别人，就是不要在他人身上寻求认同。不要赋予他人不合理的重要性，不要把他人看得太重。

借用胡伯图斯·泰伦巴克[①]的话来说，一个人之所以遭遇挫折，是因为其过度依赖从他人身上获得自我认同。别人喜欢便会安心，自己的内心完全被他人操控。要想改变现状，首先必须认识到这种生活方式是错误的，并且改变这种方式。

本书多次提及，我们要思考一个人为何烦恼，要搞清楚烦恼的背后隐藏着什么，烦恼的本质究竟是什么。很多烦恼的人都以为现在烦恼的事情本身便是问题的根本所在。他们不知道根本原因是自己一直被过去所束缚，所以他们苦苦挣扎却得不到救赎。只要他们能够认识到这一点，就能看见人生的出路。也就是说，他们要明白，自己现在究竟执着于什么。

本书中多次提到，我们要思考自己现在所主张的事情，

---

① 胡伯图斯·泰伦巴克（Hubertus Tellenbach, 1914—1994），德国精神病学家。

真的是自己的主张吗？先问问自己的内心："你真的这样

想吗？"

　　嘴上说着"应该是这样"，心里是否也这么认为？

　　也许这么说，只是为了保护自己免受无意识中的绝望带

来的痛苦。而这无意识中的绝望感也许正是烦恼背后的本质。

关于这一点，不知道你是否能够理解。

　　人们时而乐观，时而悲观。然而，一个人陷入悲观情绪

时，是真的悲观吗？

　　阿德勒 ① 说，悲观是一种巧妙的伪装方式，它其实带有

攻击性。也许一个人陷入悲观情绪时，其潜意识里是在指责

别人。至于是在指责谁，也许是第三者，也许正是眼前人。

那么，指责是此人真正的情绪吗？

　　生活中，我们不能直接表明讨厌对方的态度时，往往就

会间接地指责对方。比如，责怪他"为什么把水洒在这里"

---

　　① 　阿尔弗雷德·阿德勒（Alfred Adler，1870—1937），奥地利精
神病学家。人本主义心理学先驱，个体心理学的创始人。著有《自
卑与超越》《人性的研究》《个体心理学的理论与实践》和《生活
的科学》等。

等等。那些把身边人看作敌人的人，经常通过这种责备的方式来表达讨厌对方的真正情感。

美国的精神科医生哈里·斯塔克·沙利文[①]首次在精神分析中引入了"人际关系失调"一词。

人际关系失调，是指人们当前人际关系中的"扭曲"。而人际关系的扭曲除了表面问题外，其背后大多隐藏着真正的问题，并且真正的问题对于表面的问题有着极大的影响。

解决任何问题，必须先抓住其核心。遇到任何问题，我们都要先思考它的本质。因为问题本身只是现象，而非本质。现象和本质是两回事。换言之，思考问题的本质是解决各种问题的关键。

其实，在出现"人际关系失调"之前，双方之间已经有了矛盾。而一个人指责别人时，可能是出于无意识中的恐惧感，试图保护自己，使自己的价值不受损伤。只有弄清事物

[①]　哈里·斯塔克·沙利文（Harry Stack Sullivan, 1892—1949），美国精神病学家，第一个把人际关系（interpersonal relation）的理论引入精神分析里的人。

　　的本质,我们才能走出自己人生的迷宫。了解并认识自己的

本质后,便能开拓出丰富的人生。

　　总之,要想过上有意义的人生,关键是了解自己的本质,

了解自己真正的情感。只有这样,才能学会了解身边人的本质。

　　一个人了解了自己的本质,了解了自己真正的情感后,

就能感知到真正的自己。反之,那些自我异化的人,不管怎

么吹嘘,都无法感知到真实的自我;无论升到多高的职位,

都无法真真切切地感受自我。可以说,他们一直在欺骗自己。

当人生陷入僵局时,他们便无法再自我欺骗了。虽然欺骗可

以缓解不安,但也让人付出了沉重的代价。

39. 负面事件也是自己的宝贵财富

　　乐观的人将不愉快的事情看作是通往幸福人生的必经之

路。遇到困难时,他们会觉得"还好现在注意到了,真好"。

而悲观的人只会一味地消沉,陷入悲伤情绪无法自拔。

拿父母来说，悲观的父母往往只会注意到孩子的一些负面行为，比如逃学。倘若孩子不想上学，他们就会觉得发生了很严重的事情，为此担心不已。相反，乐观的父母更加注重过程。他们意识到孩子不想上学正是家中出现问题的一种表现，这也提醒他们要正视问题，这是解决问题、改变现状、收获幸福的必经之路。

孩子逃学本是件坏事，但换个角度来看它也是一件好事。只要意识到这些，就能促进我们更好地解决家庭中的核心问题，将负面事件转变为正面事件。

漫漫人生路，总有波折坎坷。不要着急，先想想出现这种局面原因，再想办法努力解决问题。妄想轻松地解决问题，甚至逃避现实，只会让生活变得更加痛苦。

卡伦·霍妮说神经症倾向越强的人越喜欢受苦。他们其实是通过受苦来宣泄自己无意识中积累的怒气。于他们而言，发泄出内心隐藏的怒气，心里便能轻松许多。那一刻，烦恼仿佛烟消云散。其实，这些都是假象，问题并未解决，人生只会更加痛苦。

对此，埃伦·兰格教授提出"正念"之法，罗洛·梅则提出"扩大意识领域"。扩大意识领域也有很多种方法，其中，站在对方的立场思考问题，便最为行之有效。当然，不是每个人都可以轻易做到，但只要努力尝试，就能逐渐理解他人。比如夫妻之间闹矛盾时，丈夫应当站在妻子的角度，学会体谅妻子。再比如，如果你开车不小心撞了人，要站在受害者的立场上思考如何妥善处理。

此外，年轻人也要试着站在老年人的角度思考问题。当然，站在他人的角度思考问题并非易事。但这的确能很好地扩大意识领域。

我曾听一位整形外科医生说过，懂得站在对方立场思考问题的病人恢复得更快。那些吃点亏便拿正义作令牌，肆无忌惮地发泄自己内心堆积已久的怒气的人，往往很难扩大意识领域。

心态积极的人往往拥有生活的智慧。埃伦·兰格教授提到过一个例子。新英格兰地区的冬天极其寒冷，甚至有一位大学教授因难以忍受此等严寒，要辞掉工作。现在，请你设想你和他一样讨厌新英格兰的严寒天气。细细品味他为何如此讨厌冬日的严寒，你会发现，也许他真正讨厌的并非冬天本身，而是冬日里不得不穿着的厚重冬装，以及因穿着厚衣而无法自由活动的笨重身体。倘若有一件防寒效果上佳的轻便外套，再有一辆出门可以抵挡风寒的轿车，他也许就不会那么讨厌新英格兰的冬季了。

我们一定要站在他的角度思考他为何讨厌新英格兰的冬天，讨厌它的哪一面。其实，那儿的冬天很美，也有年轻人因为喜欢它冬日的美景，慕名报考新英格兰地区的大学，还有学生因为想要尽情地滑雪而报考那里。可以说，有人因讨厌而远离，也有人因喜爱而到来。

生活中，我们遇到不喜欢的事情，不能只是嘴上说说，而是要用心思考自己为什么不喜欢。通过思考其原因，扩大视野，进而打开幸福之门。

40. 一个人的无意识影响他的幸福度

现实中，很少有人因为一点小失误便被公司解雇，然而，不少人还是会担心自己因此被解雇。有些人从未有失误，依然有此担心。更有甚者，发生任何小事，都会担心影响自己。

其实，他们的能力本没有问题，人难免会有身体欠佳的时候，即便如此，有些工作依然可以胜任。倘若过度在意自己的身体状况反而会影响工作。

他们之所以如此焦虑不安，是因为内心缺乏安全感。与其说他们担心某件事，不如说他们原本便对这个世界感到不安。

一个人的无意识影响他的幸福度。比如一个人总是担心有人在散播谣言污蔑自己，担心自己喜欢的人听到那些话，担心公司的同事听到后误会自己。然后，他便自以为是地以为这些事皆已发生，终日忧心忡忡。但他从未想过自己为何如此忧心，隐藏在这种忧心背后的本质是什么。

西伯里曾在书里写道：忧虑必败。他还在书中问道："为何人要终其一生被烦恼所困？"在我看来，是因为他们丢失了自我。他们一早起来便开始担心各种事情，而又束手无策。归根结底，是因为他们没有看到自己无意识中的绝望和恐惧。

西伯里还说，丢失了自我比变成恶魔还要恐怖。一个人开始思考自己为何总是被烦恼所困时，便意味着他开始扩大意识领域，拓宽视野了。如此一来，便能真正解决问题，消除烦恼。反之，自我异化的人只会一味烦恼，无法自拔。

其实，令一个人内心不安的，并不是事情本身。乔治·温伯格指出所有神经症患者都喜欢逃避现实，或者说他们将某种重要的情感隐藏了起来。他们隐藏的，往往就是无意识中的绝望和恐惧。倘若一个人竭尽全力后依然为某事担心不已、辗转难眠，就要意识到：其实自己的内心早已绝望，为了逃避这种绝望，就一味地追求所谓的名誉。

其实，他们之所以如此焦虑，大多是因为他们在勉强自己做着自己能力以外的事情。如果能意识到这一点，就扩大了意识领域，拓宽了视野，接近了真我。

一个人的能力有限，我们不必勉强自己做好每一件事。

只要活出真我，便无须为明天烦恼。即便明天状态不好，那也是真实的自我。

西伯里说："真实的自我无所畏惧。如果你感到恐惧，便不是真实的自己。"

一个人无须担心某件事情本身，而是要担心自己是否能保持真我。意识到这个道理的那一刻，你会感觉像做了一场噩梦一样。被噩梦惊醒，那便意味着你学会了直面事实，直面真实的自我。这场梦其实是在揭露你的无意识，梦中的你在勇敢地与各方妖怪作战。这时，我们更要勇敢地面对自己，了解真实的自己。

相信每个人都有这样的经历，与某些人在一起时，我们会意识到自己以往没能意识到的情感、愿望或是欲求。确实，轻松自由的环境能促进人成长。这个环境无须多么豪华，也许一个昏暗狭小、简陋不堪的小房间，便能让人的内心安静舒适。那么，究竟和怎样的人在一起，内心才能成长呢？

如果在他面前，你可以畅所欲言、无所忌惮，可以尽情表达自己的情感，可以充分暴露自己的弱点，那么，他便是那个可以让你成长的人。因为你知道，他会接纳真实的你，不会责备你。

在他面前，你可以完全释放自己，不会害怕暴露自己的缺点，不会担心丢人。

当你拼尽全力依然失败时，你可以高声呼喊出内心的不甘，表达出内心真实的情感。

精神科医生常对患者说："你可以尽情表达，想说什么就说什么。"可患者往往还是无法畅所欲言，尤其是完美主义者。完美主义其实是一种自我保护，有些人拼命做到完美，其实只是想掩饰自己自我蔑视、自我憎恶的心理，也想保护自己不受外界的批评。西伯里说，"十全十美"的标准其实是灾难的根源。

倘若你感觉生活痛苦，就要找一位能诉苦的对象，找一个能够畅所欲言的地方。这个对象可以是你的好友。当然，人类的朋友不限于人类，也可以是你心爱的小狗，如果它能够与你同喜同悲，它便是你最好的朋友。这个地方可以是家里，也可以是一棵树下。如果在那棵树下你能全身心放松，它便是你表达自我的秘密基地。

41. 找到能让自己卸下内心防备的地方

有些人完全否认"真实的自己"，坚持说那不是自己，他们不愿承认，所以选择逃避，尤其是神经症倾向较强的人，更不愿面对现实，接受真实的自我。

一个人之所以感觉生活痛苦，正是因为他不愿承认和面对。这是他深感痛苦的内在原因。假如有一个人可以让他全身心放松，畅所欲言地表达自我，那这个人就是他摆脱神经症苦恼的"救世主"。

如果一个一向沉默寡言的人在某人面前变得健谈，一定是因为他在这个人面前没有压力，可以做真实的自己，这个人会接受和包容最真实的他，即便是超出社会准则或是常规的想法，也能与他纵情交流。

从小缺少与他人对抗经验的人，心理往往不够成熟。他们总是担心自己的话伤害到别人，而在那个能让他们放下一切顾虑和防备的人面前，却总能畅所欲言。在大多数情况下，他们会害怕自己说话过于草率，被人看不起。但在那个人面前，却毫无顾虑。那个人出现后，他们仿佛看到了一个新世界，一个可以让他们完全做自己的世界。自此，他们领悟到这个新世界的神奇与力量。

在这个新世界里，他们可以不再勉强自己说该说的话，而是自然而然地吐露心声。他们可以将长期压抑在心里的情感发泄出来，实现心理上的成长。可以说，能够让人内心卸下防备的地方，便是能实现心理成长的地方。

相反，如果内心充满防备意识，就会产生"意识的死角"。就像开车一样，事故往往源于"死角"。卡伦·霍妮称之为"个人盲点"。

很多人明知开车时有很多死角，却还是满不在乎地驾驶。那么，开车出事便是早晚之事。同样，很多社会人士的无意识中有各种各样的矛盾，他们却对此不理不睬，这样早晚会出现问题。

拥有烦恼的人往往以自我为中心。比如，爬山途中自己口渴了，却没人给他水喝。他便会想"为什么只有我这么痛苦""为什么只有我没有水喝"等等。而实际上，所有人爬山时都是如此，所有人都没有水喝。

也许别人比自己更痛苦，但想喝水只能自己找。一个人深陷苦恼时，可能就听不到沿着山路传来的潺潺流水声。侧耳倾听，转移一下注意力，也许就会发现新的世界。其实，只要不拘泥于以往的固有思维，就能获救。话虽如此，但很多人都做不到。

阻碍一个人摆脱固有思维的，是他的无意识。那些东西难以察觉，却客观存在。埋怨生活艰辛、苦不堪言的人，误以为人生只有一条道路。其实，条条大路通罗马。问题是一个人的无意识中没有看清这一事实，也拒绝看清这一事实。

当你发现还有更多的生存之道时，便会意识到自己以往一直不愿承认的内心情感。倘若你能思考为何自己会这么想，也许就会发现自己从来没有选择过的生存之道，也许就能发现自己的无意识出现了问题。

　　人生最大的难题，便是如何形成积极动机，也就是培养自主性。培养自主性，是从依赖他人到自我独立的过程，也是从退行欲求转化为成长欲求的过程。弗洛姆将之称为从衰退综合征转化为成长综合征的道路。依赖和自立之间的矛盾，就是退行欲求和成长欲求之间的矛盾，而神经症患者往往不能很好地处理这种矛盾。

　　马斯洛指出，能够实现自我的人善于忍受和解决矛盾，这样的人不会患上神经症。从这个意义上来看，疑似成长就是一种神经症。疑似成长的人往往抱有过高的期望，当自己欲求不满时选择退而求其次。人们常常质疑那些没有得到满足的基本欲望，是真的没有得到满足，还是根本就不存在？

　　无论是疑似成长还是常规的心理疾病，一个人的内心都要承受巨大的压力。当这种压力大到无法承受时，内心就会崩溃。人生最大的挑战就是接受自己的命运，重新振作起来，勇敢面对现实。

后 记

倘若你对自己的人生失望，我希望你能意识到这是一种愚蠢，也希望你能意识到世界远比想象中更为广阔。

本书探讨了很多心理问题。具体来说，本书主要聚焦人类心灵中不健全的核心部分。

为何会出现内心不健全的情况？其根源便在于"无意识"出现了问题。围绕这一点，我们探讨了想要过好一生，应当持有怎样的人生态度，选择怎样的人生道路等。希望你读完此书，可以意识到对自己的人生失望的行为是多么愚蠢。

无论你对自己多么失望，只要能承认这一点，你的人生便会充满希望。希望你能意识到，以往的你其实一直把自己关在一个小小的世界里，以往的你一直处于自我封闭的状态。那么，要想了解自己的无意识，就要勇敢地面对和审视自己所处的成长环境。

本书可以帮助你了解自己的无意识，可以帮助你改善人际关系，也可以帮助你重新塑造自我人格。当你被命运蹂躏，身处绝望边缘之时，希望它能帮你直面内心的不安，战胜困难；当你的内心焦虑不安，快要窒息之时，希望它能帮你意识到自己无意识中的怒气，让你的真实情感得以发泄，以纾解内心深处的焦虑。

当然，如何妥善处理愤怒情绪，也是人生的一大难题。当你将其宣泄出来，也许会失去一些东西。但没关系，有失必有得，失去了一些，你才能收获真正的幸福。不要担心别人讨厌或怨恨自己，要勇敢做自己。如果因胆怯不安，或者压抑怒气而丧失自我，便会被随意摆布，被外界吞噬。

无法直面内心的不安，其实是因为你还没有发现真实的自我，还没有实现自我。一个人以丢失自我为代价被大家接受后，会变成什么样子？思考自己自出生以来的成长环境，是充满了爱，还是充满了恨？

看到这里，有人可能会恍然大悟，深感恐惧。因为他意识到陪伴自己成长的人多是冷酷无情的人，意识到自己的心理并不健全。然而，我想告诉你，这其实是一件好事。你应该表扬一下自己，因为你在这种残酷的环境下坚强地长大，非常了不起！本书就是想要称赞你这样的人——即使面对冷酷无情的人，即使在无意识中积蓄了不少怒气，依然保持初心，勇敢地坚持到现在。

人们说不好的人际关系是因，不幸是果。它们的因果关系也可以互换：不幸是根源，它导致一个人无法妥善处理人际关系。恶劣的人际关系宛如地狱一般，对于在这种环境中成长至今的人，我们应该给予最大的善意。

1. 保持自我，做最真实的自己就好

如果你存在神经衰弱的问题，大方地承认就好。你要坚信："即使我神经衰弱，也能好好生活。"其实，认识到自

己存在神经衰弱的问题,已经是一件很棒的事情。因为还有很多人自己骗自己,拒绝承认自己有神经症,终日不明缘由地感觉空虚无力,在世间苟活着。

如果你是个爱说谎的人,承认便好。因为你有即便长期处于高压环境中,依然可以生存的能力。要想改正撒谎的毛病,你需要进行自我反思,思考自己为何说谎,为何变得爱说谎。只要你认真思考,就一定能找到原因。比如从小被可恶狡猾的人利用,从小像奴隶一样任人使唤,等等。然而,如果你只会否定自己,认为自己是个卑鄙的骗子,认为自己是一个坏人,那便失去了生存的意义。

世间有美便有丑,有些人因自己的外貌而自卑,也有人知道自己虽然样貌平平,但自有优点,因而积极乐观地生活。因外貌而自卑的人,即便嘴上说着"美不美不重要,我的聪明才智才是真正有价值的",也无法真正快乐地生活。只有当他无意识中真正意识到美貌不是唯一的价值标准时,才能真正地实现思维方式的转变,变得开朗豁达。

2. 越努力越辛苦的法则

在第一章，我列举了一个关于意识和无意识分离的例子。在后记部分，我还想列举一个相关的例子。

人对现实的欲求不满并不是突然产生的。在那之前，他早就发生了自我异化。他在压抑自己的过程中，逐渐丧失了感受真实情感的能力。

弗洛伊登伯格在解释"倦怠综合征"时，讲述了一位名叫马尔萨的女子的真实病例。她是一位30多岁的成功女性，在与一名年轻男子坠入爱河后，决定抛下自己6岁的女儿埃伦，前往加利福尼亚。她说："因为我想继续工作，想维护好自己职业女性的成功形象。"她为何会做出如此"愚蠢"的决定呢？

女儿出生后，丈夫要求她做一个好母亲，她也认为自己应该如此。很长一段时间，她没能意识到自己真正的情感，她的内心积压了异常强烈的怒气和怨气。然而，她对此并不自知，任由内心深处的负面情绪压垮了自己。结果，她开始

变得麻木，对事物的感知也变得迟钝。就在那时，她开始了
这段新恋情。

　　她内心充满了不满、愤怒以及对工作的渴望。她在意识
中认为自己的人生一帆风顺，但无意识中对自己的人生充满
失望。可以说，她的意识和无意识截然不同。

　　为了做好所谓"应该做的事情"，她忽略了自己"想要
工作"的强烈欲望。

　　意识领域告诉她："我不想工作。"但其实在无意识中，
她渴望工作。为了"应该做的事情"，她否定了自己的真实
愿望。

　　最后，再举一个例子。美国有一本畅销书名为《放手》
（*Codependent No More*）。书中讲述了一位名叫杰西卡
的女性的故事，她的父亲有严重的酒瘾。因为从小在酗酒成
性的父亲身边长大，她并没有感受到家庭的温暖。

　　生活在这种家庭中的人心理上相互依赖，心理学将这
种关系称为依赖共生关系。杰西卡与父亲便存在着依赖共
生关系。

酗酒的父亲给她留下童年阴影，让她有痛苦的童年经历。因此，她长大选择配偶时尤为谨慎，非常用心地了解对方是否饮酒，她发誓绝对不能找一个像父亲那样酗酒的人。然而，在新婚旅行中，她发现自己的丈夫弗兰克竟然和父亲一样有酒瘾。有一天，他傍晚时分离开宾馆，整夜未归，直到第二天早上 6 点半才回来。

她对这段婚姻抱有太多的憧憬和期待。可是最终，它像幻想一样烟消云散。那么，为什么她明明不想和酗酒成性的人结婚，却依然喜欢上一个这样的男人呢？

听了这个故事，也许很多人都会觉得杰西卡很傻，并且坚信自己一定不会做此等蠢事。其实，世界上有很多个"杰西卡"。研究表明，一个人与酗酒成性的配偶离婚后，即便再婚，再婚配偶酗酒的概率也高达 50%。

也就是说，丈夫酗酒成性，妻子忍无可忍选择与其离婚时，都发誓一生不再和酗酒的人扯上关系。然而，可悲的是，几乎 50% 的女性还会与另一个酗酒的男人再婚。

她们嘴上说着"再也不想和这样的人扯上关系"，现实中却还是不由自主地和他们在一起，其实是因为和他们在一起时，自己的内心是轻松的。就像有心理疾病的人，和同样有心理疾病的人在一起时会比较放松一样。

只要她们不改变自己的无意识，无论结多少次婚，都是一样的结局。就像反复跳槽，依然做着同一种工作的商务人士一样。看似不停地换公司，其实本质并没有什么不同。

常有人说离婚是因为性格不合，但事实并非如此。离婚只是表象，隐藏其背后的真正原因，是因为没有找到真正的自己。人际关系的失败，皆是因为隐藏在无意识中的本质引起的，即自我的丢失。我们会自发地压抑意识层面的冲动，但并不代表能够真正地压抑冲动。换言之，压抑这一行为只能将冲动情绪驱赶出意识层面，却不能彻底地消除冲动情绪。

弗洛伊德指出，一个人内心压抑着的冲动很难被人察觉，但它一直在累积，对人影响颇大。相比意识层面的冲动，无意识中的冲动对人影响更大。面对酗酒成性的丈夫，离婚是一种正确的选择。然而，如果自己不做出任何改变，再婚也不会幸福。

无意识中对他人抱有敌意，便无法与其交心畅谈。无意识中的敌意不但会破坏你的社交能力，还有损你的身体健康。

有些人在意识层面渴望与人交好，无意识中却对人抱有敌意。更可悲的是，他不知道人际关系上的失败，其实都是自己内心矛盾的体现。人际关系的改善不能刻意为之，并不是越努力，就能建立越好的人际关系。内心矛盾越严重，人际关系问题便越严重，一味地努力只会适得其反。

最后，这本书想告诉你的是，确实有不少人曾经身处不幸，但他们转变思维方式后，都收获了各自的幸福。希望本书能帮助你重建信心，开启崭新的人生。

加藤谛三

图书在版编目（CIP）数据

　　所见即是我，好与坏我都不反驳/（日）加藤谛三著;
冯元译. -- 南京：江苏凤凰文艺出版社, 2022.8
　　ISBN 978-7-5594-6910-6

　　Ⅰ.①所… Ⅱ.①加… ②冯… Ⅲ.①成功心理－通俗读物
Ⅳ.①B848.4-49

中国版本图书馆CIP数据核字(2022)第108169号

著作权合同登记号　图字：10-2022-200

所见即是我，好与坏我都不反驳

[日] 加藤谛三　著

责任编辑　　周颖若
策划编辑　　薛纪雨
出版发行　　江苏凤凰文艺出版社
　　　　　　南京市中央路 165 号，邮编：210009
网　　址　　http://www.jswenyi.com
印　　刷　　唐山富达印务有限公司
开　　本　　880 毫米 ×1230 毫米　1/32
印　　张　　6
字　　数　　81 千字
版　　次　　2022 年 8 月第 1 版
印　　次　　2022 年 8 月第 1 次印刷
书　　号　　ISBN 978-7-5594-6910-6
定　　价　　49.80 元

江苏凤凰文艺版图书凡印刷、装订错误，可向出版社调换，联系电话025-83280257